Kratzsch-Leichsenring

Bahnhöfe im Modell

Michael Kratzsch-Leichsenring

Bahnhöfe im Modell

Planung, Bau und Betrieb

transpress

Einbandgestaltung: Sven Rauert
Titelbild: Clubanlage Eisenbahnfreunde Wipperfürth
Foto: Michael U. Kratzsch-Leichsenring

Bildnachweis:
Die zur Illustration dieses Buches verwendeten Aufnahmen stammen – wenn nichts anderes vermerkt ist – vom Verfasser (siehe Anhang).

ISBN 978-3-613-71737-4

2. Auflage (erstmals 2010 erschienen unter der ISBN 978-3-613-71394-9)

Sie finden uns im Internet unter www.transpress.de

Lektor: Hartmut Lange
Innengestaltung: Leikra Fotografie
Repro: Leikra Fotografie, Trinom Publikation
Druck und Bindung: HUNTER Books GmbH, Kleyerstraße 3,
64295 Darmstadt
Printed in Germany

Modellbahn-Bahnhöfe - vorbildorientiert realisieren

Bevor das Thema Bahnhof und vor allem seine vorbildorientierte Umsetzung auf der Modellbahn in den Blickpunkt des Interesses rücken, gilt es, sich mit der Definition eines Bahnhofes auseinanderzusetzen. Schließlich gibt es nur zu wenigen Begriffen aus der Eisenbahnwelt so unterschiedliche Auffassungen wie zu diesem.

Die Allgemeinheit versteht unter Bahnhof zunächst lediglich das Empfangsgebäude mit seinen Fahrkarten- und Gepäckschaltern, den Wartehallen sowie den Bahnhofsrestaurants und Kiosken. Die Eisenbahninteressierten fassen den Begriff bereits deutlich weiter: Für sie gehören zu einem Bahnhof neben dem Empfangsgebäude selbstverständlich auch die Gleise und Bahnsteige, der Güterschuppen, die Ladestraße nebst Rampen sowie natürlich die Stellwerke und Signale.

Für die nachfolgenden Kapitel maßgeblich sollen deshalb die Aussagen der Fahrdienstvorschrift (DV/DS 408) sein, wie sie lange Zeit bei beiden deutschen Bahnen gültig war. Ein Bahnhof ist demnach eine Betriebsstelle mit mindestens einer Weiche, an der Züge regelmäßig halten. Fehlen Weichen, spricht man von Haltepunkten.

Allerdings gibt es dazu bereits eine erste Ausnahme – besitzt ein Haltepunkt zum Beispiel eine Weiche eines Güterverkehrsanschlusses, spricht man von einer Haltestelle.

Je nach Lage im Eisenbahnnetz unterscheidet man Durchgangs-, Abzweig-, Kreuzungs- sowie Kopfbahnhöfe als Grundtypen. Daneben gibt es weitere Differenzierungen nach der Art der Nutzung des Bahnhofes. Die Wichtigsten sind Personen- und Güterbahnhöfe, daneben gibt es Rangier- Übergabe- oder etwa Hafen- und Werksbahnhöfe.

Neben der Aufbereitung dieser Grundlagen soll dieses Buch anhand zahlreicher Beispiele aufzeigen, wie sich auch unter den üblichen modellbahnerischen Zwängen das Thema Bahnhof durchaus vorbildgerecht auf der eigenen Anlage oder einem entsprechenden Betriebsdiorama umsetzen lässt. Dazu gehören schließlich auch die Aspekte Signalisierung und Ausstattung. Zu guter Letzt finden sich noch Hinweise auf weiterführende Literatur oder Internetseiten.

Ich wünsche Ihnen viel Spaß bei der Lektüre dieses Buches und anschließend anregende Stunden bei der Beschäftigung mit der eigenen Modellbahn.

Michael U. Kratzsch-Leichsenring

1 Impressionen

2 Einführung

3 Bahnhofsformen

4 Bahnhofsarten

5 Dimensionierung

6 Signalisierung

7 Ausgestaltung

8 Anhang

1 Impressionen

Nicht immer muss viel Platz auf der Anlage einen großen Bahnhof nach sich ziehen. Wer vorbildn

baut, sucht einen guten Mittelweg und legt Wert auf ein entsprechend gestaltetes Umfeld.

Auch wenn die Traktion zu einer moderneren Epoche zählt, entspricht der Bahnhof selbst deutlich älteren Baugrundsätzen.

Formsignale, Dampflok und ein Backstein-Empfangsgebäude: Für die Meisten das Idealbild von (Modell-) Eisenbahn.

Vorbildgetreue Nebenbahnstationen, hier Lengefeld, erlauben auch vielfältige Zugfahrten.

Leinefelde Güterbahnhof erfordert selbst in der Nenngröße TT einige Quadratmeter Platz.

Nüchterne Zweckarchitektur der 1960er-Jahre mit wenig Charme findet sich nur selten auf Modellbahnen – allerdings nicht immer zu Recht.

Beim Vorbild wurden etliche zweigleisige Hauptstrecken durch die geänderten Grenzverläufe nach dem Zweiten Weltkrieg zu eingleisigen Nebenbahnen mit behelfsmäßig wirkenden Anlagen. Deren Umsetzung ins Modell ist durchaus reizvoll.

Viel Lokalkolorit vermittelt diese Art von Haltepunkt. Das liebevoll gestaltete Beispiel zeigt, dass die moderne Bahn nicht unbedingt steril und langweilig sein muss.

2 Einführung

Wozu benötigt die Eisenbahn eigentlich Bahnhöfe? Anfang des 20. Jahrhunderts beschrieb dies ein Autor so: >>... *Wie bei jedem geregelten Verkehre dienen auch bei dem der Eisenbahnen Ausgangs-, End- und Zwischen-Punkte der Bahn dazu, die Aufnahme und Abgabe der zu befördernden Massen zu vermitteln, die bewegende Kraft zu erneuern und die Betriebsmittel in Stand zu halten. Solche Betriebsstellen der Eisenbahnen für die Züge des öffentlichen Verkehrs führen die allgemeine Bezeichnung Station oder Bahnhof. Diese haben also dem besonderen Wesen der Eisenbahn entsprechend den Verkehr von Reisenden und Gütern zwischen der Bahn einerseits und den Land- und Wasserwegen andererseits zu vermitteln.*<<

Naturgemäß unterliegen Bahnhöfe einer steten Veränderung. In den ersten Jahrzehnten des Bahnzeitalters, also der Epoche I, waren vor allem ein gestiegenes Verkehrsaufkommen oder die Eröffnung weiterer Eisenbahnstrecken Anlass, Anlagen und Gleise zu erweitern. Ebenso machte sich der technische Fortschritt in vielen Personenbahnhöfen bemerkbar: Bahnsteigzugänge auf Gleisniveau und schmale einseitige Bahnsteige, damals auch auf vielen Bahnhöfen an Hauptstrecken Usus, boten bei höheren Geschwindigkeiten und dichterer Zugfolge ein hohes Gefahrenpotential. Als Konsequenz entstanden auch auf kleineren Stationen, vor allem in der Epoche II (siehe Kasten S. 18), verstärkt zweiseitige Bahnsteige mit Zugang durch Unter- oder Überführungen. Dies war längerfristig preiswerter, als ein entsprechender Personaleinsatz zur Absicherung der Fahrgäste.

Im Güter- aber auch Personenverkehr erlaubten leistungsfähigere Loks die Bildung längerer Züge und machten so Anpassungen am Gleisplan wie auch der Signaltechnik nötig. Zudem änderten sich auch die technischen Anforderungen: Entlang der Strecke wurden zur Versorgung der Dampfloks immer weniger, dafür aber leistungsfähigere Wasserkräne benötigt. Mit dem Traktionswandel ab Epoche III entfielen diese später wieder.

Später ergaben sich durch die beiden Weltkriege deutliche Zäsuren. Nicht allein die Zerstörungen veränderten das Erscheinungsbild vieler Bahnhöfe, auch die deutsch-deutsche

Formsignale, ein Stellwerk, ein Güter- und im Hintergrund der Lokschuppen, zudem lange Züge – der Inbegriff eines Bahnhofs, hier Meuselwitz bei Altenburg im Juli 1993.

Modellbahn-Epochen

- Epoche I: Sie beginnt 1835 mit der Eröffnung der ersten deutschen Eisenbahn und endet 1920. Sie ist die Zeit der Länderbahnen und eines sehr bunten Erscheinungsbildes der Bahntechnik, geprägt von regionalen Besonderheiten. Das Modellangebot für diese Zeit ist dünn, wächst aber stetig.
- Epoche II: Die Zeit der Deutschen Reichsbahn von 1920 bis 1949, geprägt von Standardisierung und Modernisierung. Sie stellt die Blütezeit der Dampfloks dar und endete mit dem Zweiten Weltkrieg und dessen Folgen. Für die Nachbildung im Modell steht eine breite Palette an Schienenfahrzeugen zur Verfügung.
- Epoche III: Die Nachkriegs- und Wiederaufbauzeit von 1949 bis 1968/70. Neubau-Diesel- und E-Loks finden rasch Verbreitung, Dampfloks geraten trotz einiger Neubautypen bald ins Hintertreffen. In Deutschland existieren mit der Deutschen Bundesbahn (BRD) und der Deutschen Reichsbahn (DDR) zwei Staatsbahnen in einem geteilten Land. Für die beliebteste Modellbahnepoche bleiben bezüglich der Fahrzeuge kaum Wünsche offen.
- Epoche IV: Die Zeit der EDV-Nummern. Sie beginnt 1968 (BRD) bzw. 1970 (DDR) und endet 1993.Der Traktionswandel ist ganz (BRD) oder weitgehend (DDR) abgeschlossen. Vorkriegsfahrzeugtypen sind verschwunden und der Betrieb von weitgehender Rationalisierung gekennzeichnet. Das Modellangebot ist breit gefächert.
- Epoche V: Sie beginnt mit der Gründung der Deutschen Bahn AG 1994. Neue Lok- und Betriebskonzepte wie der Hochgeschwindigkeitsverkehr oder die beginnende Liberalisierung des Eisenbahnmarktes mit zahlreichen neuen Privatbahnen machen diese Zeit vor allem bei jüngeren Modellbahnern beliebt.
- Epoche VI: Die europaweit agierende Bahn seit 2007/2008. Wie in Epoche V ist das Fahrzeugangebot groß.

Grenzziehung tat ein Übriges. Durch die politische und wirtschaftliche Neuausrichtung ab 1945 verloren einst wichtige Ost-West-Verbindungen wie etwa Berlin – Hannover oder Halle – Kassel ihre Bedeutung und manch Spätgeborener bestaunt die imposanten Bahnbauten an untergeordneten Strecken. Als Beispiel für letzteres mögen die Bahnhofsgebäude von Wasserleben oder Heudeber-Danstedt im nördlichen Harzvorland an der einstigen Magistrale von Halberstadt nach Vienenburg dienen.

Ähnlich gravierend sind die Veränderungen der vergangenen 15 Jahre seit der Bahnreform als Folge der deutschen Wiedervereinigung. Die sich ergebende Neustrukturierung der Staatsbahnen Deutsche Reichsbahn und Deutsche Bundesbahn im Personen- und Güterverkehr beeinflusste das Erscheinungsbild der heutigen Bahnhöfe nachhaltig. Auf vielen wurden die Gleisanlagen entsprechend dem heute niedrigeren Verkehrsaufkommen und den nun vorherrschenden Technologien der Wende- und Triebwagenzüge reduziert, etliche

Bahnhöfe verändern sich stetig, wie das Beispiel Blankenheim aus den 1930er-Jahren zeigt. Bahnsteigsperren regelten den Zugang und Geländer verhinderten Gleisüberschreitungen.

Links oben: Das ideale Vorbild für einen Modell-Bahnhof würde Gerbstedt abgeben. Auf engstem Raum zwei Bahnsteiggleise, ein Ladegleis und ein zweiständiger Lokschuppen mit Wasserturm.

Heute undenkbar, waren ebenerdige Bahnsteigzuänge in den 1930er-Jahren weit verbreitet, wie hier im Bahnhof Sömmerda an der eingleisigen Hauptbahn Erfurt - Sangerhausen.

Stationen verloren die gesamten Güterverkehrsanlagen zugunsten von Parkplätzen und erweiterten Bushaltestellen. Im Gegenzug wurden und werden Bahnsteige durchgehend befestigt, auf 60, 80 oder gar 115 Zentimeter Höhe gebracht und mit Aufzügen als zusätzlichem Zugang neben Unter- und Überführungen ausgerüstet. Empfangsgebäude wurden entweder abgerissen oder zu Einkaufsmärkten umgestaltet. Für viele Modellbahner geht mit dieser Entwicklung verständlicherweise ein Stück heiler Eisenbahnwelt im Alltag verloren.

Bahnhofsbestandteile

Allen Veränderungen durch die Epochen zum Trotz herrschte auch eine gewisse Kontinuität bei den wichtigen Bestandteilen eines Bahnhofes, unabhängig von dessen Größe.

So besaßen bis zum Ende der Epoche IV die meisten Stationen neben den Anlagen für den Personenverkehr auch solche für den Güterverkehr. Selbstverständlich war deren Dimensionierung dem damals vorherrschenden Aufkommen

Umfangreiche Abstellanlagen kennzeichnen des Bahnhof Aschersleben um 1936. Gut erkennbar ist die geplante Erweiterung der Bogenradien der beiden linken Streckengleise.

angepasst. Dabei konnte es durchaus vorkommen, dass die Güteranlagen eines Bahnhofes einer Nebenbahn wesentlich umfangreicher ausfielen, als etwa die eines Vorstadtbahnhofes. Zudem war es gerade in größeren Stationen üblich, die Bahnhofsbereiche für den Personen- und Güterverkehr räumlich zu trennen beziehungsweise in vielen Städten in eigenen Bahnhöfen anzulegen.

Personenverkehrsanlagen

Die Anlagen eines Personenbahnhofs umfassen neben den vorrangig dafür genutzten Gleisen den oder die Bahnsteige mit den entsprechenden Zugängen und Überdachungen, ferner Wartehallen, das Empfangsgebäude selbst mit Gepäck- und Postabfertigung sowie eventuell ein Bahnhofsrestaurant. Nicht vergessen werden darf das früher obligatorische und selbst auf größeren Stadtbahnhöfen aus hygienischen sowie Gründen der Geruchsbelästigung stets separat am Ende eines Bahnsteiges stehende Toilettengebäude.

Am Gleisplan des Bahnhofes Bischheim-Gersdorf ist gut zu erkennen, wie die Güterverkehrsanlagen mit einem weiteren Freiladegleis (links) dem gestiegenen Aufkommen angepasst wurden.

Sofern in der Station Personenzüge beginnen und enden, gehören auch die entsprechenden Abstell- und Reinigungsanlagen für die Züge zur Ausstattung des Personenbahnhofes. Komplett findet man diese Bestandteile allerdings nur in Bahnhöfen größerer Ortschaften. Je nach Aufkommen an Passagieren kann sich die Ausstattung auch einfach auf einen Bahnsteig mit einer Sitzbank reduzieren, etwa bei Haltepunkten an Nebenbahnen.

Zudem ersetzen seit Ende der Epoche IV zunehmend Imbissstände die einst auch in kleinen Bahnhöfen selbstverständlichen Gaststätten und Restaurants, sofern sie nicht komplett aufgegeben wurden. Typisch für den modernen Personenverkehr der Epoche V ist zudem das Auflassen oder gar komplette Abreißen von Bahnhofsgebäuden sowie vereinzelt auch das Verlegen von Bahnsteigen an Außengleise oder in Richtung der Wohnbebauung. Da kann in Einzelfällen dazu führen, dass Personenzüge außerhalb des angestammten Bahnhofsareals angelegt werden.

Für den Umschlag von Düngemitteln und Saatgut entstand im Bahnhof Beiern-Langenleuba ein beeindruckendes Gebäudeensemble. Ende der 1980er-Jahre verfiel es aber zusehends.

Ebenfalls den Personenverkehrsanlagen zuzuordnen ist der Bahnhofsvorplatz mit den Warteplätzen für Fuhrwerke, Autos und Busse beziehungsweise Straßenbahnen sowie Taxen. Als Visitenkarte des Ortes war er zumindest in den frühen Epochen ansprechend mit Grünanlagen und Wegen gestaltet.

Güterverkehrsanlagen

Ähnlich verhält es sich bei den Güterverkehrsanlagen. Im einfachsten Fall, also bei sehr niedrigem Aufkommen, werden die aufgegebenen Stückgüter in den Packwagen der Personenzüge befördert. Zur Aufbewahrung im Bahnhof genügt ein kleiner Lagerraum, oft genug als Anbau am Empfamgsgebäude. Vor allem an kleineren Nebenbahnstationen besitzen Güterschuppen oft eine ausziehbare Rampe, um die Güter in den am Hausbahnsteig davor haltenden Nahgüterzug zu be- und entladen. Reicht das tägliche Aufkommen für einen ganzen Waggon, erhält der Güterschuppen ein Gleis direkt am Empfangsgebäude. Eine daneben angelegte kurze

Lademaß und Gleiswaage waren gerade auf ländlichen Bahnhöfen mit einem hohem Umschlag an landwirtschaftlichen Produkten unabdingbar. Anfang der 1990er-Jahre hatten die Anlagen in Beiern allerdings schon länger ausgedient. Lediglich die Reste der Kohlehaufen des örtlichen Händlers zeugen vom verbliebenen Güterverkehr.

Ladestraße erweitert die Möglichkeiten im Wagenladungsverkehr, vor allem wenn Schüttgüter wie Düngemittel oder Kohle umgeschlagen werden. Im ländlichen Raum komplettierte oft eine kurze Holzrampe die Anlagen.

Ist das Güteraufkommen größer, finden sich zusätzliche Gleise zur Abstellung ein- und ausgehender Wagen. Der Güterschuppen ist nun größer und in der Regel freistehend. An der jetzt oft an einem separaten Gleis befindlichen Ladestraße finden sich in solchen Fällen eine größere Kopf- und Seitenrampe sowie fallweise auch eine stationäre Krananlage zum Warenumschlag zwischen Schiene und Straße. Eine Gleiswaage samt Lademaß vervollständigt die Anlagen, wobei diese bei größeren Bahnhöfen an einem separaten Gleis liegen. Hinzu kommen fallweise Anlagen zur Viehverladung, Zollschuppen oder Lager für besondere Güter.

Mit Beginn der Epoche II erfolgte zudem durch die aufkommenden Diesel-Kleinloks im Güterverkehr eine Trennung zwischen dem Zugbetrieb und dem Rangiergeschäft. Anstatt

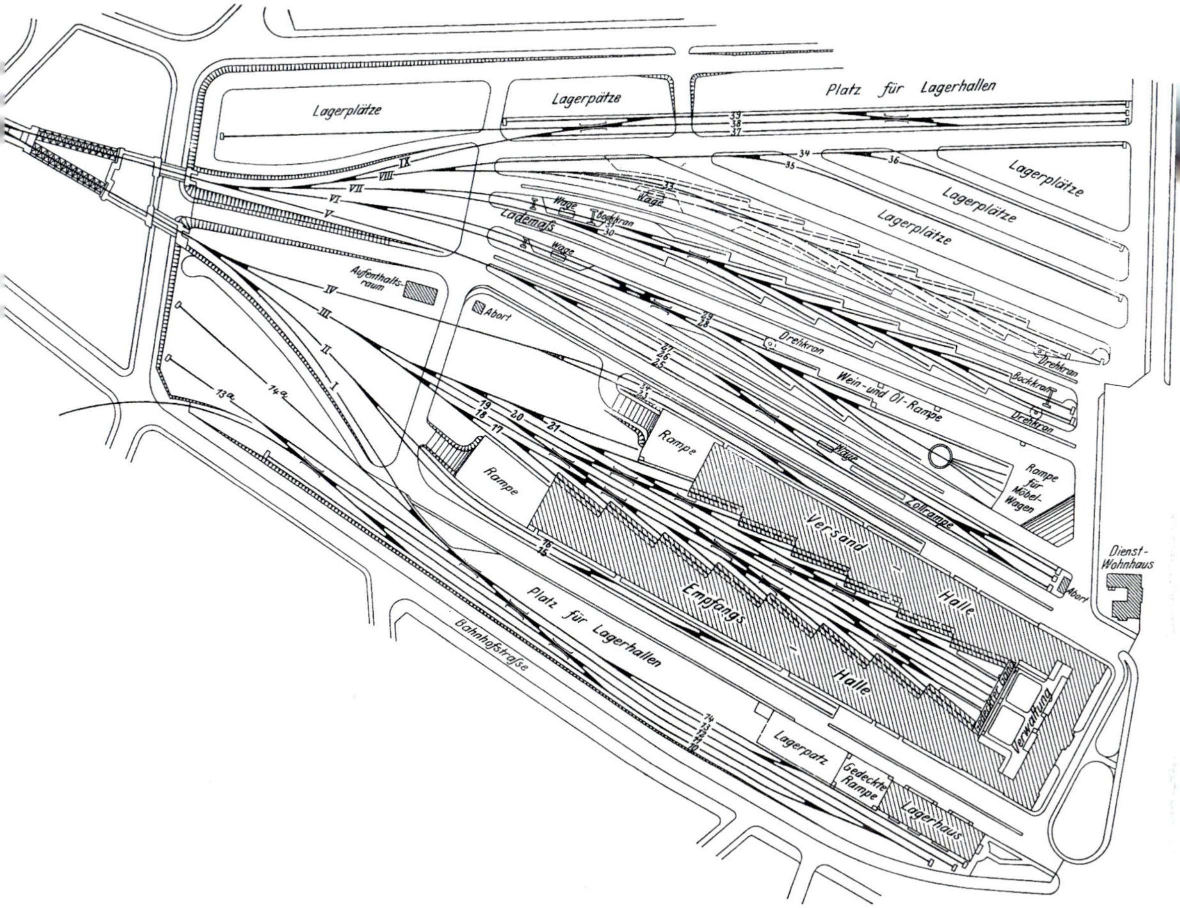

Den Stand der realisierten und geplanten Anlagen des Ortsgüterbahnhofs von Basel zeigt dieser Plan aus dem Jahr 1900. Nicht zuletzt grenzbedingt fallen die Umladehallen und Freiladegleise nebst Rampen sehr großzügig aus und lassen einige Rückschlüsse auf das Aufkommen zu. Für Anhänger ausgedehnter Rangierfahrten wäre dies sicher ein interessantes Anlagenkonzept.

die Waggons zeitraubend mit der jeweiligen Zuglok zu rangieren, stationierte die Reichsbahn auf den größeren Bahnhöfen Kleinloks, die das Rangiergeschäft übernahmen. Abgestellt wurden die Loks in eigenen Kleinlokschuppen aus Wellblech oder Beton mit eigener Betankungsmöglichkeit.

In größeren Knotenbahnhöfen unterstützten Ablaufberge mit entsprechenden Aufstellgleisen die Zugbildung. Zudem finden sich dort bei noch größerem Aufkommen eigene Gleisgruppen für ein- und abgehende Züge.

Anlagen des Betriebsdienstes

Dazu gehören neben den bereits erwähnten Gleisanlagen für die Abstellung von Zügen und Wagengruppen die Anlagen für die Zugabfertigung, Reinigungsanlagen, Drehscheiben und Schiebebühnen oder die entsprechenden Wohn- und Nebengebäude für die Bediensteten des Bahnhofes. Aber auch sämtliche Anlagen zur Lokomotivbehandlung fallen darunter, also Wasserkräne, Bekohlungsanlagen, Lokschuppen, Tank-

Lange Zeit wirkte sich der im Leipziger Hauptbahnhof notwendige Lokwechsel störend auf durchgehende Zugläufe aus. Erst mit der flächendeckenden Einführung von Trieb- und Wendezügen entfiel dieses Betriebshindernis.

Halle (Saale) ist ein gutes Beispiel dafür, wie ein Bahnhof am Stadtrand durch die nachwachsende bebauung vergöeichsweise zentrumsnah liegt. Bemerkenswert ist doe räumliche Ausdehnung.

anlagen etc. Nicht vergessen werden dürfen ferner Werkstätten sowie die Signal- und Oberbaumeistereien, auch wenn deren Anlagen nicht zum Standard auf allen Bahnhöfen gehörten.

■ Bahnhofsplanung beim Vorbild

Die Anlage von Bahnhöfen richtete sich beim Vorbild vorrangig nach dem zu erwartenden Verkehrsaufkommen sowie der Art der Strecke. Überregionale Hauptstrecken erbaute man überwiegend gradlinig – entsprechend liegen nur die wichtigen Bahnhöfe nahe der Ortszentren und Unterwegsbahnhöfe mitunter recht ortsfern. Letzteres findet man auch an Nebenbahnen, dort liegt die Ursache allerdings oft darin, dass sich zwei Anliegergemeinden nicht besser auf den Streckenverlauf einigen konnten und sich einen Bahnhof teilten.

Bei Klein- und Schmalspurbahnen dagegen war die Ortsverbindung die vorrangige Aufgabe, weshalb sich die realisierte Streckenführung weitgehend an den Wünschen der

Anliegergemeinden orientierte. Daneben spielten natürlich auch geografische Randbedingungen, beispielsweise Flussverläufe und Höhenzüge, ein wichtige Rolle.

Große Nachteile zentrumsnaher Bahnhöfe waren vor allem in den größeren Städten hohe Grunderwerbskosten, die überwiegende Ausführung als Kopfbahnhof sowie die meist geringen räumlichen Erweiterungsmöglichkeiten. Dem gegenüber stand ein hohes Reisendenaufkommen. Beispiele solcher Bahnhöfe sind neben Leipzig und Frankfurt vor allem die alten Berliner Bahnhöfe.

Die Anlage von Stationen an den Stadtgrenzen brachte den Vorteil des wesentlich billigeren Grunderwerbs sowie größerer Reserveflächen für Ausweitungen und Gewerbeansiedlungen. Bei guter Anbindung des Bahnhofes an die Stadt mittels Straßenbahnen oder Buslinien wurde trotzdem ein hohes Reisendenaufkommen erreicht. Zudem dehnten sich in der Folgezeit viele Orte in Richtung Bahnhof aus, so dass der heute wie in Erfurt oder Halle (Saale) zentrumsnah liegt.

Bahnhofsgleise

Jeder Bahnhof besitzt durchgehende Hauptgleise. Ihre Zahl richtet sich nach der Streckenart: Bei eingleisigen Strecken ist es eins, bei zweigleisigen sind es zwei, bei mehrgleisigen entsprechend mehr. Daran schließen sich ein- oder auch beidseitig die jeweiligen Kreuzungs- oder Überholgleise an, zwischen und an denen in Personenbahnhöfen in den meisten Fällen auch die heute zweiseitigen Bahnsteige liegen.

Zu den Nebengleisen eines Bahnhofes zählen schließlich die Abstellgleise für Reise- und Güterzüge, die Aufstellgleise für Güterwagen, Lokfahrgleise zum Umsetzen und natürlich die Ladegleise am Güterschuppen sowie der Ladestraße.

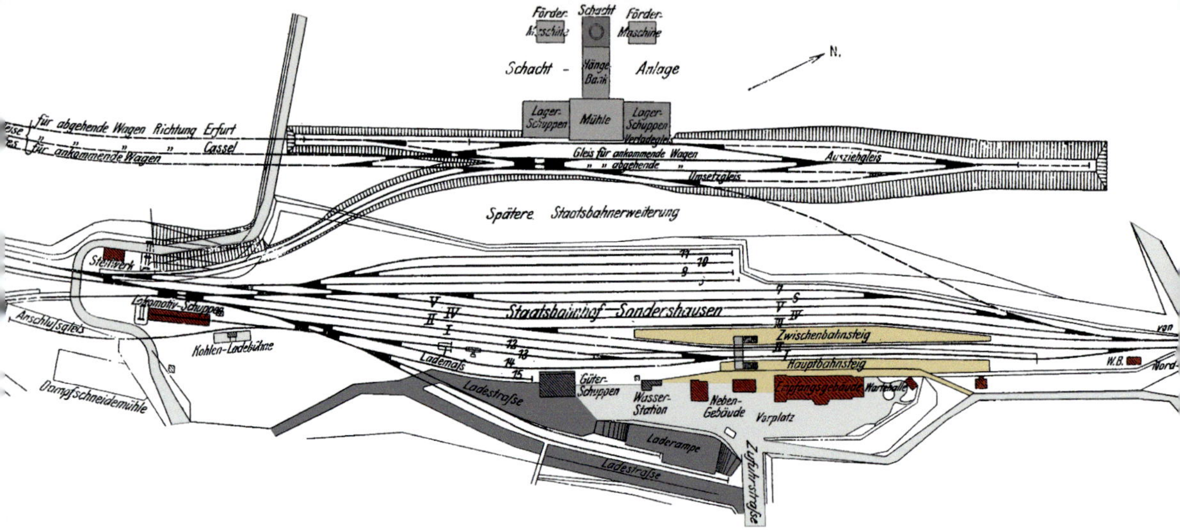

Lageplan des mittelgroßen Bahnhofes Sondershausen in Thüringen um 1900. Die Ausdehnung der Gleisanlage wird neben der Rolle als Abzweigbahnhof auch durch den benachbarten Kalischacht mit entsprechendem Wagenzulauf bestimmt.

Gleisentwicklungen

Bei der Anlage der Bahnhöfe war und ist man stets bemüht, möglichst ohne Neigungen auszukommen. Zusätzlich sollten mindestens die Weichenstraßen sowie je 50 bis 100 m Gleis zu beiden Seiten derselben in der Geraden liegen, wenn sich die Anlage des gesamten Bahnhofes nur in einer Kurve oder gar S-förmig realisieren ließ. Musste, vor allem in Mittelgebirgen, davon abgewichen werden, sollten bei den Krümmungen immer Übergangsbögen berücksichtigt werden, um alle Weichenverbindungen der Hauptgleise mit hoher Geschwindigkeit befahren zu können.

Bei der Anlage im Gefälle waren entsprechende Schutzweichen und -gleise vorzusehen, die ein unbeabsichtigtes Abrollen von Wagen auf die freie Strecke verhinderten. Oft übernahmen die damals ohnehin immer vorgesehenen Flankenfahrt-Schutzweichen diese Funktionen gleich mit.

Für die Länge eines Bahnhofes entscheidend war die Nutzlänge der durchgehenden Haupt- sowie der Kreuzungsgleise. Diese wiederum wurde bestimmt durch die längsten auf der Strecke verkehrenden Züge. Parameter dafür waren die Zugkraft der Lok, die Topografie sowie die Art der zu befördernden Güter. Vor allem aus militärischen Gründen legte man die Gleislängen bereits Ende des 19. Jahrhunderts mit 550 Metern als Minimum für einen ganzen und 290 Metern für einen halben Militärzug aus. Wo möglich, sollten die Hauptgleise des Bahnhofes aber mindestens 600, besser 650 Meter lang sein. Damit war der Betrieb mit 80-achsigen Personen- oder 120-achsigen Güterzügen, letztere überwiegend aus zwei- und dreiachsigen Wagen gebildet, ohne Probleme möglich. Als Gleisverbindung setzten sich in den Bahnhöfen bereits

Blick auf die Sonderhäuser Gleisanlagen nach Entfall der Kaliförderung. Im Zustand von 1996 ist der Bahnhof in seiner Ausdehnung durchaus modellbahntauglich.

Einige typische Längenmaße

Bei der Anlage oder späteren Erweiterung von Bahnhöfen legten die Bahnverwaltungen viele zu einem großen Teil noch heute gültige Dimensionen zu Grunde.

- Bahnsteige an Hauptbahnen waren in der Regel 330 m lang, an Großstadtbahnhöfen gar bis zu 440 m. An Nebenbahnen genügten dagegen 150 bis 230 m. Modernisierte DB AG-Bahnsteige messen oft 190 m. An Nebenbahnen der Epochen I bis III genügten bei vorrangigem Triebwagenverkehr manchmal sogar bescheidene 25 m.
- Die meisten Güterzuggleise sind für Kreuzungen mindestens 550 m lang, auf vielen Strecken inzwischen 800 m. Dies ergibt Nutzlängen von 500 oder 750 m. Bei kleineren Bahnhöfen betrifft dies allerdings nur die durchgehenden Hauptgleise. Deren Länge ist damit ein guter Indikator für die Gesamtlänge des Bahnhofes von Einfahr- bis Ausfahrweiche.
- Die Ladestraßen haben je nach Bahnhhofstyp, Ausführung und Aufkommen eine Mindestbreite von acht bis zwölf Metern, denn auf ihnen mussten Straßenfahrzeuge auch senkrecht zur Gleisachse stehend beladen werden können, ohne den weiteren Ladungs- oder den allgemeinen Straßenverkehr bei der An- und Abfahrt zu behindern.

Die Aufnahme vom Sommer 1930 verrät den anstehenden Umbau der Gleisanlagen in Stassfurt, bei dem auch die Dreiwegweiche ersetzt werden soll. Das Bahnsteiggeis wurde offenbar bereits früher verschwenkt.

Mitte des 19. Jahrhunderts endgültig Weichen anstelle der ursprünglich genutzten kleinen Drehscheiben durch. Letztere fanden nur noch an einigen Kopfbahnhöfen beziehungsweise -bahnhofsteilen Anwendung, etwa in Altenburg, Arnsdorf bei Dresden, Bischofswerda oder Zittau. Zunehmende Loklängen oder das Alter brachten aber auch ihnen das Aus.

Weichen mit einem Winkel von 1:9 waren lange Zeit Standard, ebenso doppelte Kreuzungs- oder Dreiweg-Weichen zur Einsparung von Länge. Bei der Anlage von Weichenverbindungen achtete man allerdings stets darauf, alle anfallenden Rangierbewegungen mit einem Minimum an Lokfahrten abwickeln zu können. Deshalb waren etliche Bahnsteige

sowie zahlreiche Ladegleise mit zusätzlichen mittigen Gleisverbindungen ausgestattet, um die Wagen an Ladestraße und Güterschuppen separat abfahren zu können.

Erst die seit den 1930er- beziehungsweise den 1950er-Jahren ansteigenden Streckenhöchstgeschwindigkeiten von 120 bis heute 250 km/h führten zu deutlich schlankeren Weichen und dem Ersatz von Weichen-Sonderformen, zumindest in den durchgehenden Haupt- und Kreuzungsgleisen. Doppelte Kreuzungsweichen sind dort heute große Ausnahmen.

Eng mit der Gleisentwicklung verbunden ist die so genannte Linienplanung. Sie hat vor allem bei Trennungs- und Abzweigbahnhöfen einen großen Einfluss auf den späteren Betrieb. Dabei werden die Gleise im Bahnhofsvorfeld entsprechend ihrer Bestimmungen zusammengeführt, also beispielsweise die jeweiligen Zufahrten zum Personen- und Güterbahnhofsteil. Wichtig sind dabei möglichst wenige niveaugleiche Kreuzungen, denn diese behindern durch entsprechende Wartezeiten bei der Absicherung der Fahrstraßen

Doppelte Gleisverbindungen, hier in Halberstadt, sind ein probates Mittel, um möglichst viele Züge reisendenfreundlich an wenigen Bahnsteigen abfertigen zu können. Die Umsetzung ins Modell ist allerdings in diesem Zusammenhang nur auf größeren Anlagen zu empfehlen.

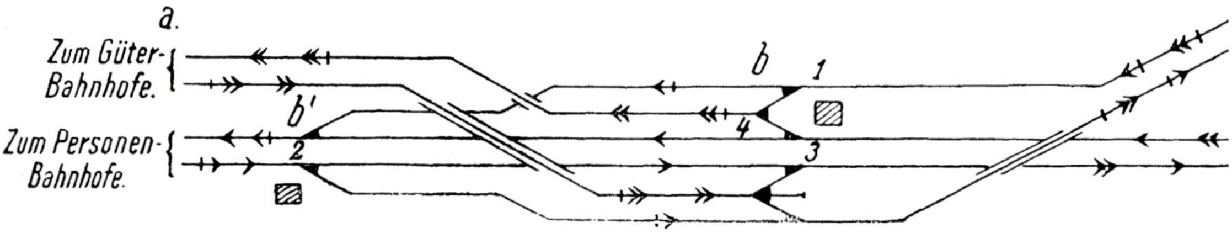

Gleisentwickelung mit Zusammenziehung der denselben Verkehrsarten dienenden Verbindungen.

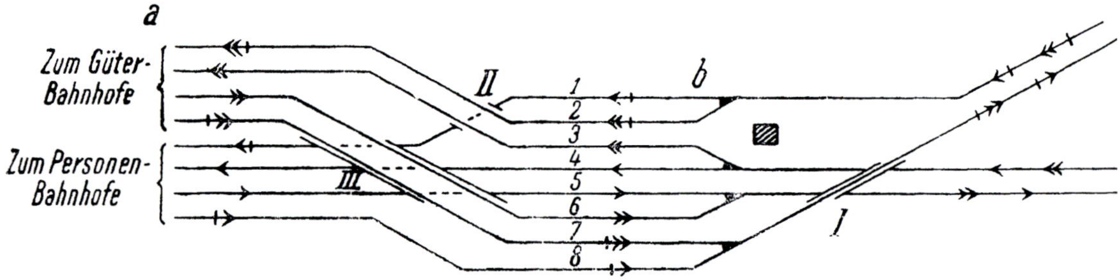

Gleisentwickelung mit getrennter Durchführung aller Verbindungen.

Trennt man die Zugarten im Betrieb, reduziert man Wartezeiten, benötigt aber mehr Gleise und Überführungsbauwerke.

den Zugverkehr. Die entsprechend notwendigen Dämme und Kreuzungsbauwerke verteuern allerdings die Baukosten der Bahnanlagen. Da man sich diese jedoch aus verständlichen Gründen gern sparte, waren bei steigendem Verkehrsaufkommen bauliche Anpassungen unumgänglich. Im Gegenzug bringt es der stark zurückgegangene Güterverkehr beim Vorbild mit sich, dass etliche Bauten nicht mehr benötigt und damit abgebrochen werden.

Realer Linienplan für den Kreuzungs- und Einmündungsbahnhof Halle (Saale). Im Personenbahnhofsteil herrscht heute weitgehend Richtungsbetrieb vor.

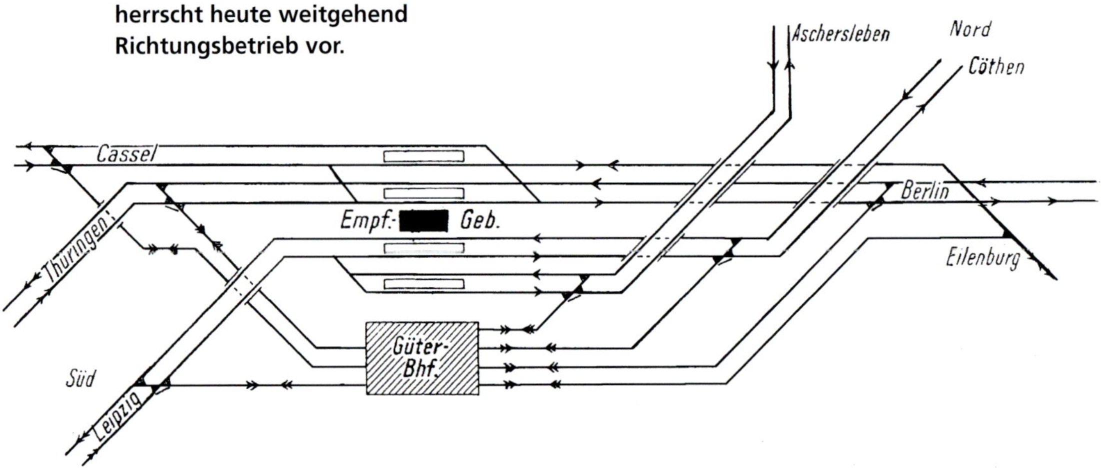

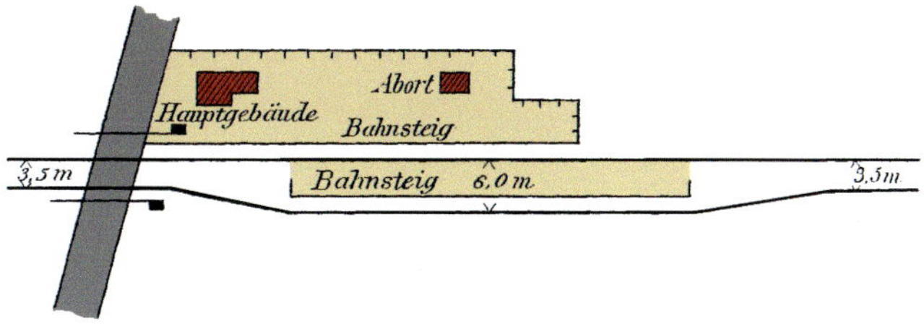

Die in der Frühzeit der Bahn übliche Anlage der Bahnsteige zwischen den Gleisen erforderte neben der Verschwenkung auch Sorgfalt bei der Absicherung bei Zugkreuzungen.

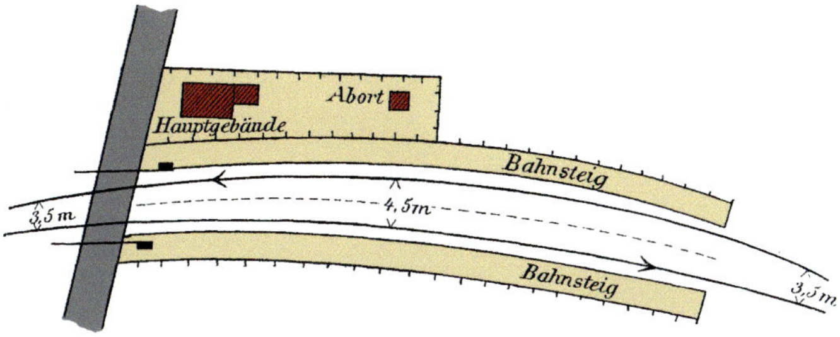

Die Anlage als Außenbahnsteig erlaubte auch Kreuzungen, allerdings mussten Gleisüberschreitungen durch Zäune verhindert werden, die gleichfalls Gleisverschwenkungen erforderten.

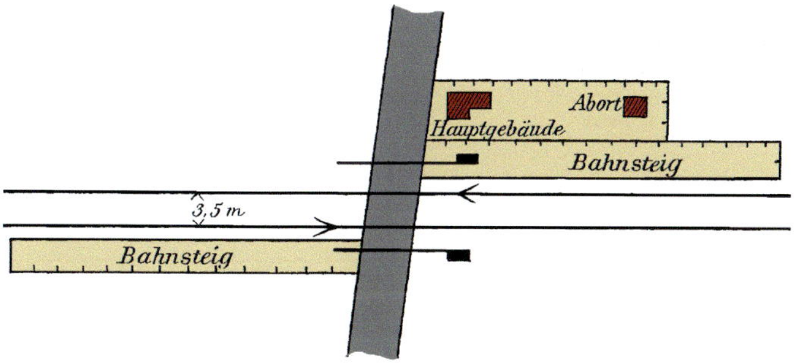

Das Versetzen der Bahnsteige gegeneinander an einem Überweg erweist sich als optimale Lösung und wird auch von der Deutschen Bahn bei der Neuanlage von Haltepunkte fallweise praktiziert.

Der Mittelbahnsteig in Etzleben wurde nur bei Kreuzungen genutzt, andere Züge hielten am Hausbahnsteig. Beim Umbau Ende der 1990er-Jahre erhielt Etzleben Außenbahnsteige.

3 Bahnhofsformen

Alle Bahnhöfe lassen sich zuerst nach ihrer Lage im Streckennetz und den sich daraus ergebenden betrieblichen Rahmenbedingungen klassifizieren. Weitere Unterscheidungsmerkmale sind die grundlegende Verkehrsart, also Personen- oder Güterverkehr, sowie die entsprechende Aufgabe im täglichen Bahnbetrieb. Es liegt allerdings in der Natur der Sache, dass eine wirklich eindeutige Abgrenzung nicht immer möglich ist, weil in der Praxis sehr oft Mischnutzungen vorkommen. Dazu jedoch mehr im nachfolgenden Kapitel 4.

Nachstehend werden die wichtigsten Bahnhofstypen mit ihren betrieblichen Besonderheiten näher vorgestellt. Zusätzlich soll ihre Eignung für die Umsetzung ins Modell bewertet werden, wobei vor allem der dafür notwendige Platzbedarf ein wichtiges Kriterium ist.

Durchgangsbahnhöfe

Sie sind der beim Vorbild am häufigsten anzutreffende Typ – die Durchgangsbahnhöfe. Sie finden sich an Haupt- und Nebenbahnen gleichermaßen. In reinen Durchgangsbahnhöfen beginnende oder endende Züge sind eher die Ausnahme, weil die meisten Verbindungen zwischen größeren Abzweig- oder Kreuzungsbahnhöfen verlaufen. Gibt es beispielsweise im Berufsverkehr Ausnahmen, fahren die Züge beim Vorbild dann aber stets zum Ausgangsort zurück, weshalb man im Durchgangsbahnhof in der Regel auch keine größeren Lokschuppen und sonstige Behandlungsanlagen findet.

Ausnahmen ergeben sich nur bei ausgedehnten Güterverkehrsanlagen oder entsprechendem Berufsverkehr zu einem nahe liegenden Ballungszentrum. Die dann notwendigen (Rangier-) Loks besitzen bis in die Epoche IV hinein eigene kleine Lokschuppen mit entsprechenden Behandlungsanlagen. Auch kann es sein, dass Durchgangsbahnhöfe deshalb Lokschuppen besitzen, weil sie bei ihrer Anlage zunächst Kopfbahnhöfe waren, wie einst die Privatbahnstation Osterwieck im nördlichen Harzvorland.

Für die Umsetzung ins Modell sind Durchgangsbahnhöfe sehr gut geeignet, da sich deren Ausdehnungen durch die Anzahl der Gleise und deren Länge immer gut an den vorhandenen Platz anpassen lassen, gegebenenfalls auch durch

Durchgangsbahnhöfe, hier der einer größeren Stadt, sind die häufigste Bahnhofsform beim Vorbild und auch im Modell.

Durchgangsbahnhöfe sind der Standard auf vielen Modellbahnen. Für entsprechende Betriebsmöglichkeiten sorgen verschiedene Anschlussgleise, die hier raffiniert in die Hintergrundkulisse führen.

S-förmigen Verlauf. Bei der Kombination mit entsprechenden Abstellmöglichkeiten im Schattenbahnhof können lange Züge auch kleine Durchgangsbahnhöfe durchaus vorbildgetreu ohne Halt passieren. Für Abwechslung sorgen dann kurze Personenzüge oder an der Ortsgüteranlage rangierende Übergaben und Nahgüterzüge.

Eine interessante Variante eines im Modell allein aus Platzgründen nur angedeuteten großstädtischen Durchgangsbahnhofes ist die mit Hallenkonstruktion. Sie kann genutzt werden, um die Strecke getarnt in einer Kurve fortzuführen. Den Blickfang der Anlage bildet dann das Gleisvorfeld mit angeschlossenen Behandlungsanlagen.

Gleisschema eines klassischen, eingleisigen Durchgangsbahnhofes mit Kreuzungsmöglichkeit.

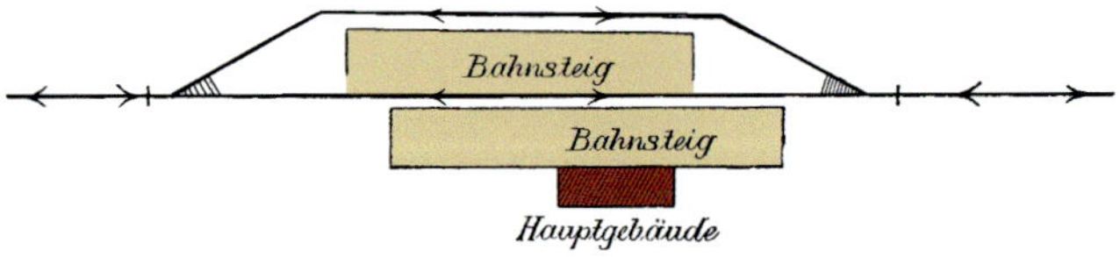

Königshütte im Harz war sowohl Durchgangs- wie auch Endbahnhof. Der Gleisplan mit der teils in der Kurve liegenden Einfahrt und dem seitlichen Anschluss ist modellbahnfreundlich.

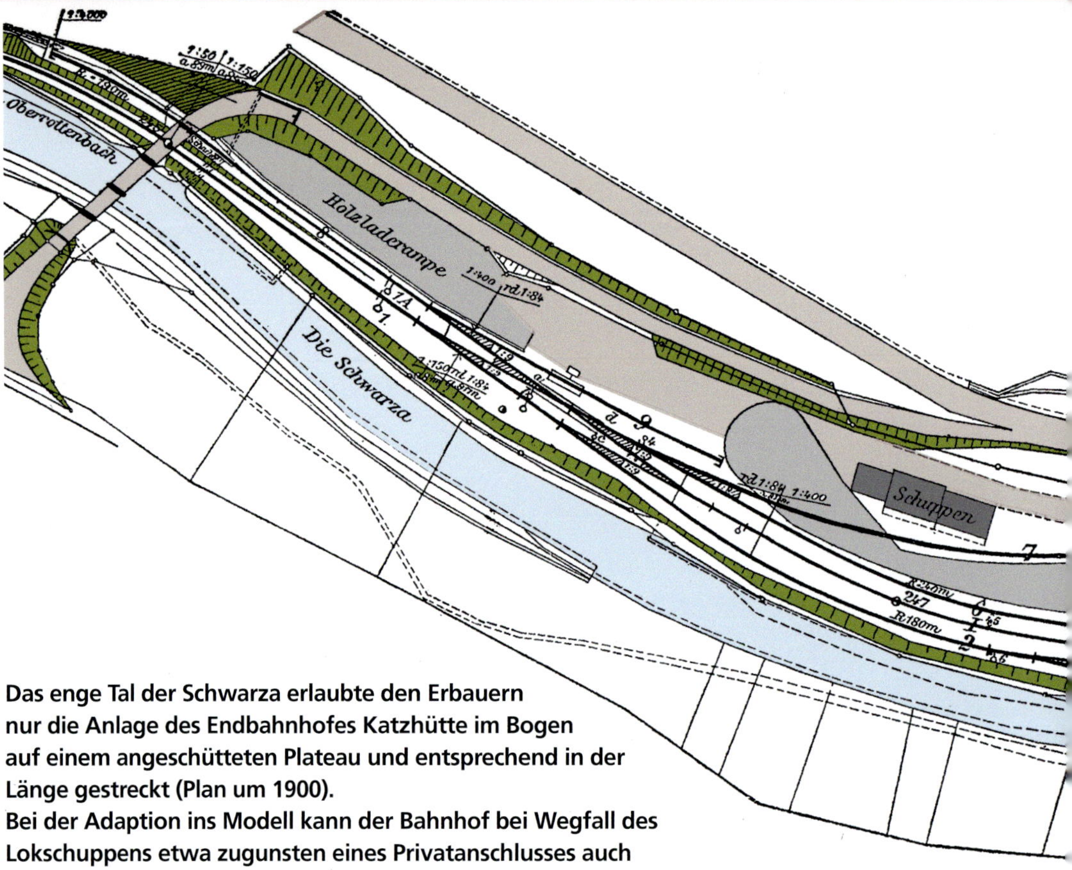

Das enge Tal der Schwarza erlaubte den Erbauern nur die Anlage des Endbahnhofes Katzhütte im Bogen auf einem angeschütteten Plateau und entsprechend in der Länge gestreckt (Plan um 1900).
Bei der Adaption ins Modell kann der Bahnhof bei Wegfall des Lokschuppens etwa zugunsten eines Privatanschlusses auch als Durchgangsbahnhof dienen.

■ Kopfbahnhöfe

Sie sind in aller Regel ähnlich wie Durchgangsbahnhöfe angelegt, weil dies in der Praxis eine spätere Streckenverlängerung relativ leicht möglich macht. Abweichungen gibt es aber dort, wo etwa aus geografischen Gründen definitiv keine Verlängerungsoption besteht. Da in vielen Kopfbahnhöfen Züge enden, besitzen die meisten von ihnen auch entsprechende Abstell- und Lokbehandlungsanlagen.

Beim Vorbild wurden etliche Kopfbahnhöfe bereits ab den 1870er-Jahren aufwändig zu Durchgangsbahnhöfen umgebaut, um betriebliche Einschränlungen im Durchgangsverkehr durch das Umsetzen der Loks zu minimieren. Als Beispiel möge hier Altenburg dienen, wo die Umbaumaßnahmen einen Tunnelbau in schwierigem Gelände erforderten. Andere, etwa Kassel Hbf, verloren ihre Bedeutung im Fernverkehr durch Verkehrsverlagerungen an Neubaustrecken, hier also zum ICE-Bahnhof Kassel-Wilhelmshöhe. Wieder andere Kopfbahnhöfe wie Stuttgart oder Leipzig werden durch aktuelle Bauprojekte (teilweise) zur Durchgangsbahnhöfen.

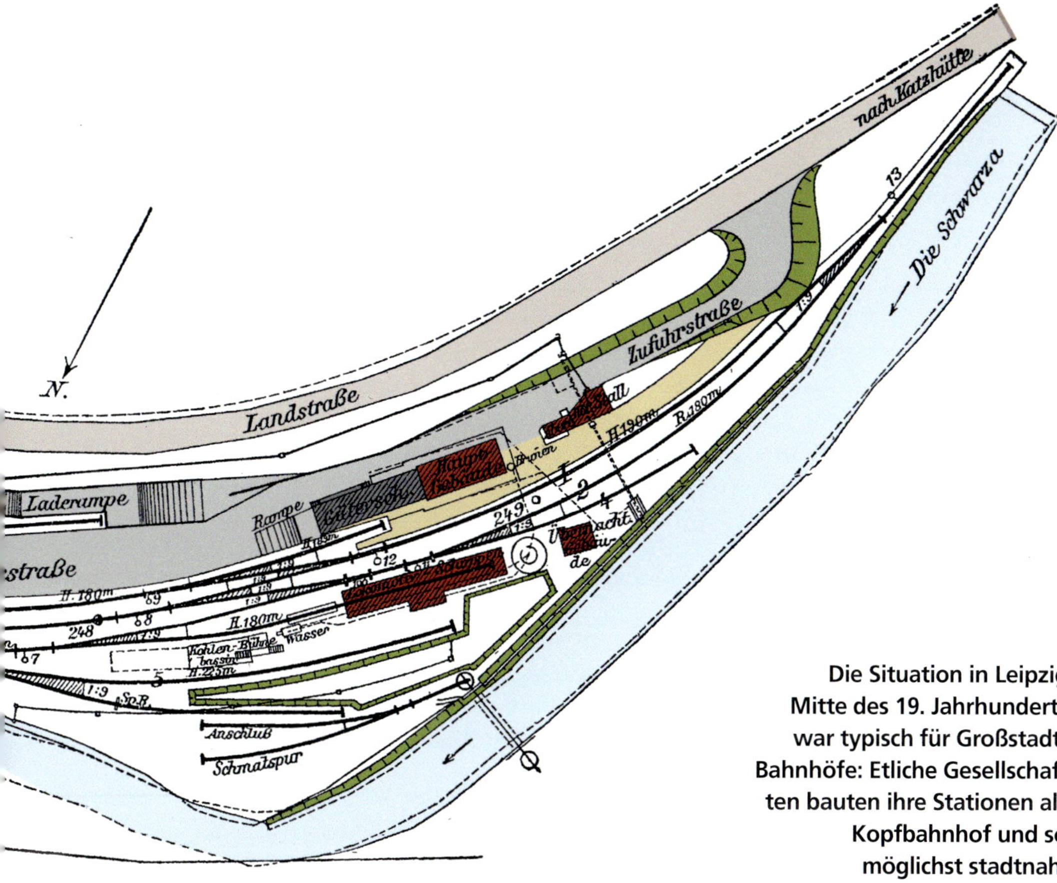

Die Situation in Leipzig Mitte des 19. Jahrhunderts war typisch für Großstadt-Bahnhöfe: Etliche Gesellschaften bauten ihre Stationen als Kopfbahnhof und so möglichst stadtnah.

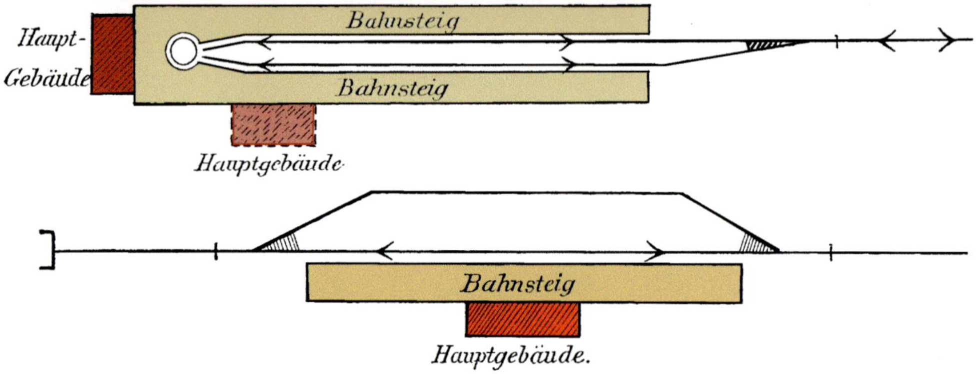

Schematische Darstellung von Endbahnhöfen: Drehscheiben (oben) erlauben ein schnelles Umsetzen der Lok, weshalb sich diese Gleisform auch in Abzweigbahnhöfen findet.

Darunter: Seitlich angeordnete Empfangsgebäude erlauben spätere Gleisverlängerungen.

Üblicher waren Kopfbahnhöfe daher an Nebenstrecken, wo sie in Mittelgebirgen nicht selten als Spitzkehren ausgeführt wurden. Als Beispiel seien an dieser Stelle Lauscha und Rennsteig in Thüringen genannt. Sofern überhaupt nötig, genügen kleinere Lokbehandlungsanlagen, weshalb ein maximal dreiständiger Lokschuppen ausreicht. Drehscheiben gehören dort aber nur in Ausnahmefällen zum Standard.

Auch die Bahnhofsform des Kopfbahnhofes ist im Modell leicht nachzugestalten und bietet viel Rangieraufwand. In den meisten Fällen wird die Strecke nur durch eine (verdeckte) Kehrschleife mit Schattenbahnhof nachgebildet.

Kreuzungsbahnhöfe

Sie erhalten ihre Bezeichnung nicht von den Kreuzungsmöglichkeiten der Züge, denn das ist auch in den vorgenannten Bahnhofsarten möglich. Als Kreuzungsbahnhöfe werden diejenigen im Eisenbahnnetz bezeichnet, an denen sich Bahnstrecken kreuzen. Im Regelfall geschieht dies auf einer Ebene,

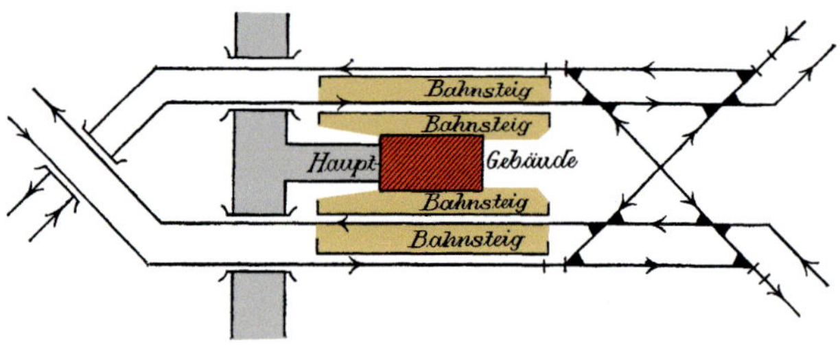

Schematische Darstellung der Streckenführung an einem Kreuzungsbahnhof mit Linienbetrieb. Ein Kreuzungsbauwerk reicht aus.

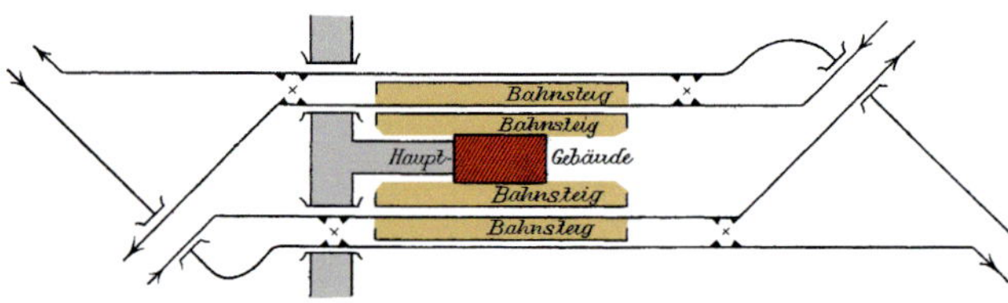

Die schematische Darstellung des Richtungsbetriebes verdeutlicht den Mehraufwand an Kreuzungsbauwerken, soll die Zugfolge nicht durch Wartezeiten eingeschränkt werden.

Gut zu erkennen sind die aufwändigen Weichenverbindungen, mit denen ein Übergang von einer zur anderen zweigleisigen Strecke möglich wird. Die Betriebsführung erfolgt shier im Linienbetrieb.

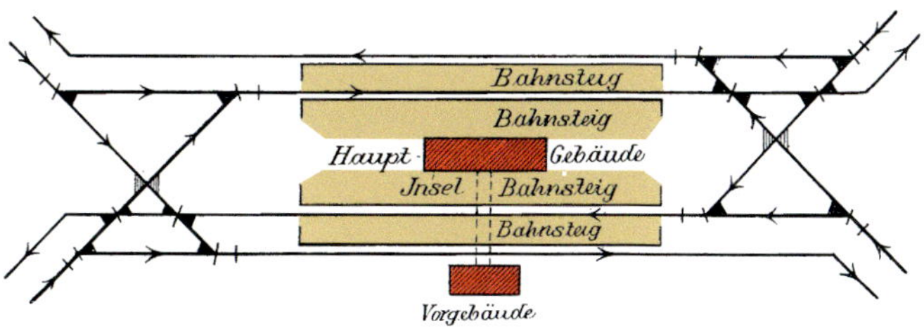

Schematische Darstellung der Streckenführung an einem Berührungsbahnhof mit Linienbetrieb. Für den Übergang genügen die Gleisverbindungen an beiden Bahnhofseinfahrten.

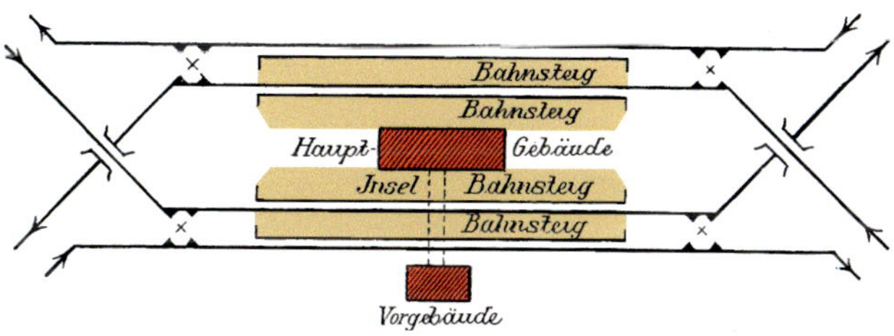

Die Darstellung des Richtungsbetriebes im Berührungsbahnhof verdeutlicht auch hier den Mehraufwand an Kreuzungsbauwerken zum Vermeiden von zugfolgebedingten Wartezeiten.

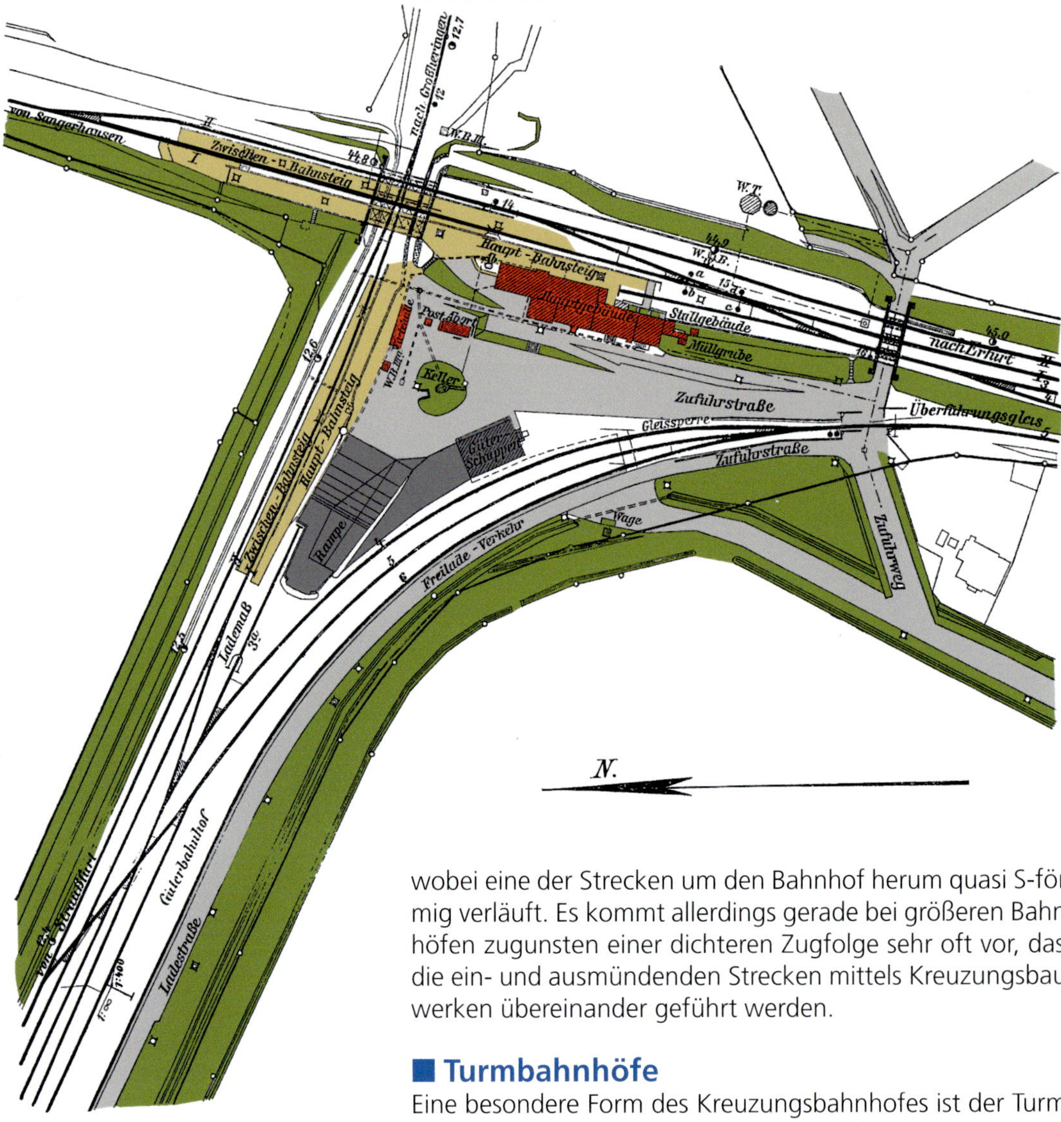

Einer der bekannteren Turmbahnhöfe ist Sömmerda in Thüringen, hier im Zustand von 1908. Er entstand 1881 mit dem Bau der Bahnlinie Erfurt – Sangerhausen aus dem seit 1874 existierenden Bahnhof an der unten liegenden Nebenbahn Straußfurt – Großheringen.

wobei eine der Strecken um den Bahnhof herum quasi S-förmig verläuft. Es kommt allerdings gerade bei größeren Bahnhöfen zugunsten einer dichteren Zugfolge sehr oft vor, dass die ein- und ausmündenden Strecken mittels Kreuzungsbauwerken übereinander geführt werden.

Turmbahnhöfe

Eine besondere Form des Kreuzungsbahnhofes ist der Turmbahnhof. Dort kreuzen sich die Bahnstrecken auf zwei unterschiedlichen Niveaus. Eine Streckenverbindung, etwa für Güterverkehre, erfolgt mit entsprechenden Verbindungskurven. Diese können allerdings mehr oder weniger weiträumig sowie nur in bestimmten Richtungen verlaufen. Beispiele für derartige Bahnhöfe seien Berlin Hbf, Falkenberg, Horka oder Sömmerda. Bei großen Stationen wie Osnabrück liegt am Kreuzungspunkt ein mehrgeschossiges Empfangsgebäude. Im Fall Berlin Hbf ist das neu errichtete Empfangsgebäude selbst der Kreuzungspunkt. Kleinere Turmbahnhöfe dagegen sind von der Grundform her ein Durchgangsbahnhof mit zusätzlichen Bahnsteigen auf der zweiten Ebene. Der Wechsel der Reisenden erfolgt mit Aufzügen und breiten Treppen.

Ein Grund für diese Bahnhofsstruktur findet sich in der Bahngeschichte und hat oft einen militärischen Hintergrund. Etliche Turmbahnhöfe entstanden erst durch später gebaute Strecken, die über einen vorhandenen Bahnhof hinweggeführt wurden. Das zweite Höhenniveau sollte dabei Störungen des Zugbetriebes im Falle von Sabotagen etc. minimieren.

Diese Bahnhofsform ist eine interessante Alternative bei denjenigen Modellbahnanlagen, bei denen etwa eine Nebenstrecke den Bahnhof verlässt und ihn nach Durchfahren eines Bogens auf einer großen Brücke quert. Diese in den meisten Fällen nicht gerade vorbildgerechte Situation kann dadurch plausibel werden, dass der erste Teil des Streckenverlaufes beispielsweise durch einen Tunnel getarnt und der Bahnhof selbst durch das Ersetzen der einfachen Brücke durch eine Konstruktion mit Bahnsteig und eventuell zweitem Gleis zum Turmbahnhof umfunktioniert wird.

Die Regionalbahn nach Großheringen verlässt den Bahnhof Sömmerda gen Osten. Gut zu erkennen sind der teilüberdachte Hausbahnsteig der Nebenbahn sowie die oben liegenden Gleise der elektrifizierten Hauptbahn von Erfurt nach Sangerhausen.

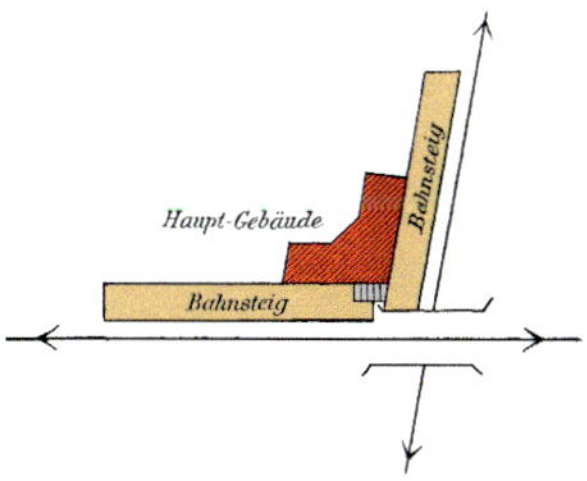

Schematische Linienführung an Turmbahnhöfen

Abzweigbahnhöfe

Diese Bahnhofsform findet sich dort, wo von einer durchgehenden ein- oder zweigleisigen Hauptbahn weitere Haupt- oder Nebenbahnen abzweigen. Sie ist übrigens wegen ihrer

Im Kopfteil des Magdeburger Hauptbahnhofes endeten in den 1980er-Jahren die Wendezüge der S-Bahn. Mit dieser Technologie ersparte man ein zeitraubendes Umsetzen der Zugloks.

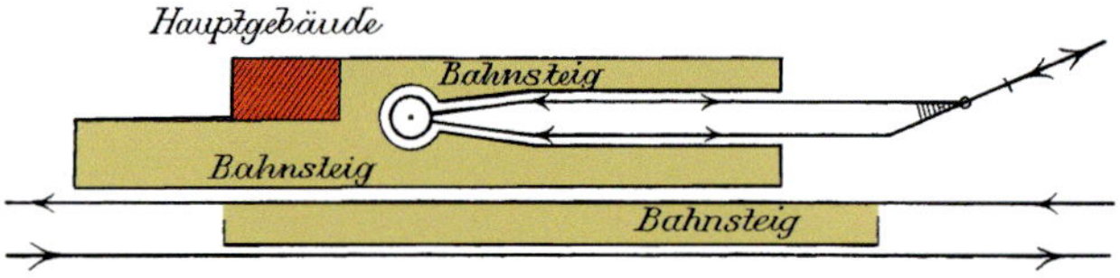

Schema eines Abzweigbahnhofes. Die Nebenbahn endet an einer Drehscheibe. Eine strikte Streckentrennung war selten, Regelfall dagegen eine Übergangsmöglichkeit.

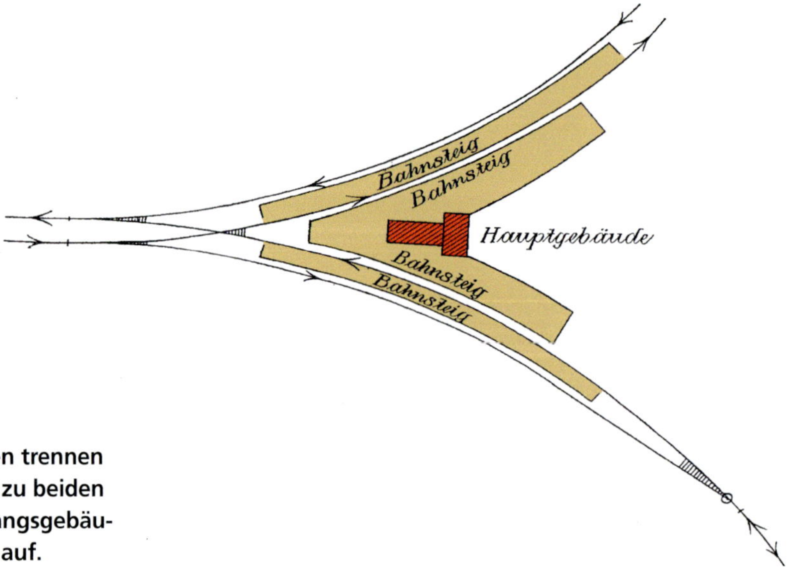

Bei Keilbahnhöfen trennen sich die Strecken zu beiden Seiten des Empfangsgebäudes symmetrisch auf.

technischen Besonderheiten die bei den Modellbahnern beliebteste Bahnhofsform und regelmäßig Mittelpunkt des Anlagenthemas Hauptbahn mit abzweigender Nebenbahn. Betrieblich interessant wird dieser Bahnhofstyp dadurch, dass in früheren Zeiten endende Gleise regelmäßig in Drehscheiben neben dem Empfangsgebäude mündeten. Damit ersparte man sich Platz raubende Weichenverbindungen und Schlepptenderloks konnten gleich gedreht werden und standen für die Rückfahrt wieder Schornstein voran am Zug. Angesichts der unterschiedlichen Höchstgeschwindigkeiten war dies ein wichtiger Aspekt in der Betriebsführung. Bei der durchaus platzraubenden Nachgestaltung im Modell sollten jedoch nur kleinere Drehscheibentypen mit 12 bis maximal 18 Meter Vorbilddurchmesser genutzt werden, denn mehr war im Original in der Regel aus Platzgründen nicht üblich.

Wie schon bei den Kopfbahnhöfen findet sich hier beim Vorbild selbst an kleineren Abzweigbahnhöfen regelmäßig mindestens ein Lokbahnhof mit bescheidenen Behandlungsanlagen nebst Abstellgleisen für Reisezüge. Größere Abzweigbahnhöfe, etwa Nossen, besaßen auch ein kleineres Betriebswerk mit entsprechenden Anlagen.

Eine besondere Form des Abzweigbahnhofes ist der Keilbahnhof. Dort zweigen die beiden Strecken symmetrisch voneinander ab. Einer der bekannteren Keilbahnhöfe ist Döbeln.

Eine besondere Form des Abzweigbahnhofes sind Übergangsbahnhöfe zu Schmalspurbahnen. Markante Bestandteile sind die Rollbockgrube oder Rollwagenrampe sowie in den Epochen I bis III eine Umladehalle für Stückgut.

4 Bahnhofsarten

Die neben der Lage im Netz wohl wichtigste Unterscheidungsart eines Bahnhofes beziehungsweise Bahnhofsteiles ist die nach seiner Nutzung unter öffentlichen und betrieblichen Gesichtspunkten. In den meisten Fällen ist allerdings eine strikte Unterscheidung nicht möglich, weil ein Bahnhof mehrere Aufgaben erfüllt, also beispielsweise sehr oft dem Personen- und Güterverkehr gleichzeitig dient. Dennoch soll im Folgenden zunächst genauer auf die jeweiligen Spezifika eingegangen werden.

Personenbahnhöfe

Wie bereits der Name verrät, dienen Personenbahnhöfe ausschließlich dem Personenverkehr. Wichtigste Bestandteile der Personenbahnhöfe sind daher Bahnsteige, Abfertigungsgebäude, Wartemöglichkeiten und entsprechende Zugänge.

Die einfachste Form eines Personenbahnhofes sind Haltepunkte, obgleich diese im eisenbahnbetrieblichen Sinn keine Bahnhöfe darstellen. Je nach Verkehrsaufkommen können deren bauliche Anlagen jedoch recht beachtlich ausfallen, wie zahlreiche städtische Anlagen an stark frequentierten Linien beweisen. So standen manche Empfangsgebäude städtischer Haltepunkte, beispielweise an den Stadtbahnen in Berlin oder Hamburg, denen kleinerer Bahnhöfe kaum nach und wiesen neben Fahrkartenschaltern, Gepäckaufbewahrung, Warte- und Speiseräumen auch kleinere Geschäfte auf.

Aus modellbahnerischer Sicht erlauben Haltepunkte vor allem bei eingeschränkten Platzverhältnissen einen interessanten und vor allem glaubwürdigen Fahrbetrieb mit längeren Zügen. Lediglich der Ausweichbahnhof im Hintergrund beziehungsweise ein zugehöriger Schattenbahnhof sollte so bemessen sein, dass die eingesetzten Garnituren dort auch abgestellt werden können. Nur dann ist es nämlich möglich, etwas Abwechslung in den reinen Fahrbetrieb zu bringen.

Wesenlich erweiterte Betriebsmöglichkeiten bieten dann die echten Personenbahnhöfe mit mindestens zwei Bahnsteigen: Dort lassen sich durch Überholungen oder Kreuzungen von Zügen verschiedene Betriebsszenarien durchspielen, je nach dem, wie die Bahnsteige angeordnet sind. Bei den vor allem in der Epoche I bis III üblichen einseitigen Bahnsteigen ist darauf zu achten, dass Zugfahrten immer nur dann

Lage und Ausrichtung eines Bahnhofes prägen maßgeblich dessen Erscheinungsbild, etwa durch eine Fahrleitung.

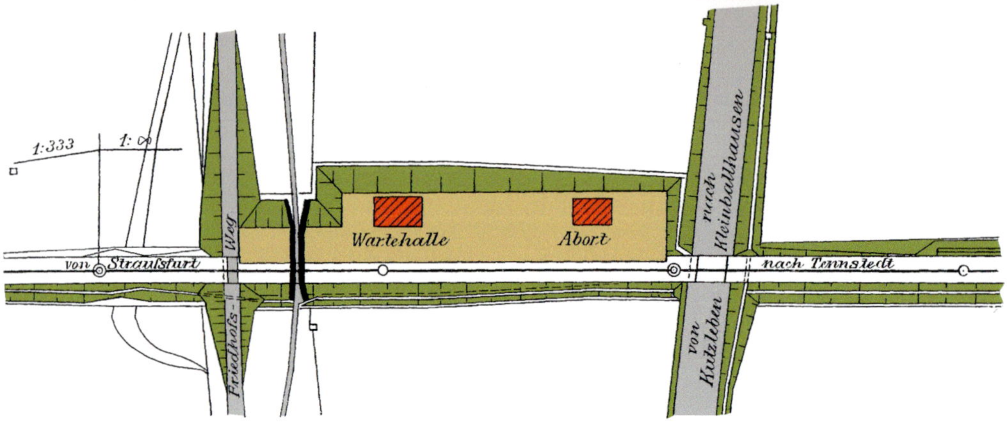

Bescheiden sind die Anlagen des nur dem Personenverkehr dienenden Nebenbahn-Haltepunktes Kleinballhausen.

Stattlich sind die baulichen Anlagen am Haltepunkt Malsdorf der zweigleisigen Strecke Berlin – Straußberg bereits um 1900. Neben Warteräumen und Schuppen gehören auch ein Wohnhaus nebst Garten zur Ausstattung. Der Grund liegt in der Nebentätigkeit des Aufsichtsbeamten als Schrankenwärter.

stattfinden können, wenn keine Reisenden die zu befahrenden Gleise queren müssen. Beim Vorbild führte das dazu, das Bahnsteige möglichst versetzt angeordnet wurden. Damit konnte der erste Zug beispielsweise direkt am Hausbahnsteig einfahren und hielt dort etwas versetzt. Der Zugang zum Zwischenbahnsteig erfolgte dann hinter dem Zug nach Einfahrt des Gegen- oder überholenden Zuges. Auf diese Weise sind auch Überholungen oder Kreuzungen mit Güterzügen ohne Gefährdung der (Miniatur-) Reisenden möglich.

Um derartige Probleme zu vermeiden und das nötige Aufsichtspersonal zu reduzieren, setzt man daher seit Anfang des 20. Jahrhunderts zumindest auf stärker befahrenen Haupt- aber auch Nebenstrecken verstärkt auf Inselbahnsteige mit Zugängen über Tunnel oder Überführungen.

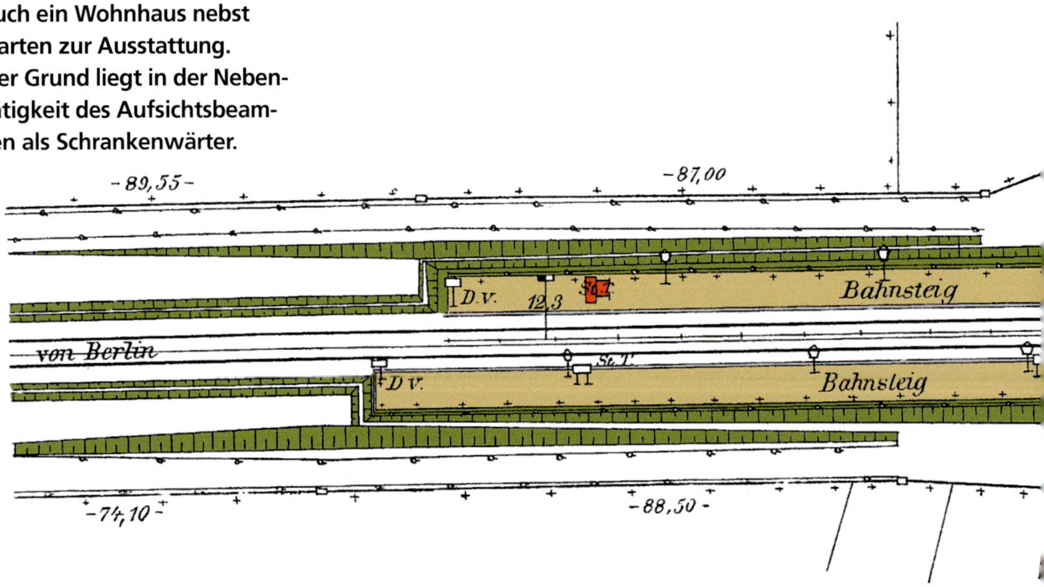

Im Vergleich zu reinen Haltepunkten benötigen Personenbahnhöfe durch die nötigen Weichenverbindungen ihrer Gleise auch bei der Umsetzung ins Modell mehr Raum. Sie bieten dann jedoch auch mehr Betriebsmöglichkeiten.

Die einfache Beton-Wartehalle sowie die Bahnsteigkante aus Altschwellen vermitteln Nebenbahnflair.

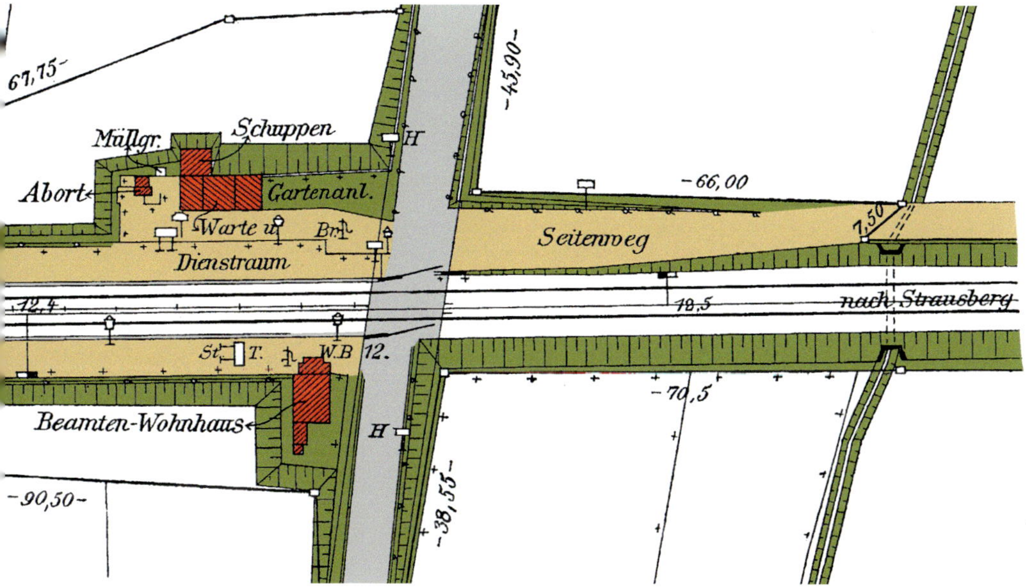

Vergleichsweise schlicht fallen die Anlagen eines ländlichen Personenbahnhofes aus. Für Eilgüter besitzt das Empfangsgebäude einen entsprechenden Schuppenanbau.

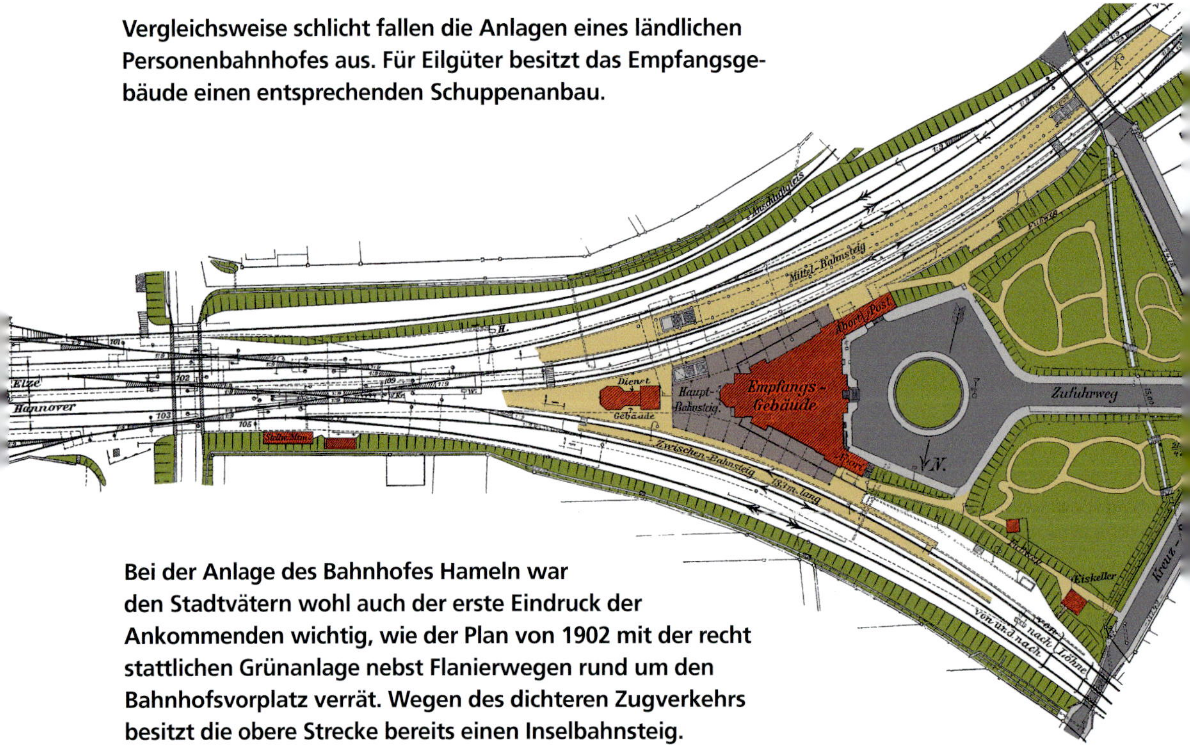

Bei der Anlage des Bahnhofes Hameln war den Stadtvätern wohl auch der erste Eindruck der Ankommenden wichtig, wie der Plan von 1902 mit der recht stattlichen Grünanlage nebst Flanierwegen rund um den Bahnhofsvorplatz verrät. Wegen des dichteren Zugverkehrs besitzt die obere Strecke bereits einen Inselbahnsteig.

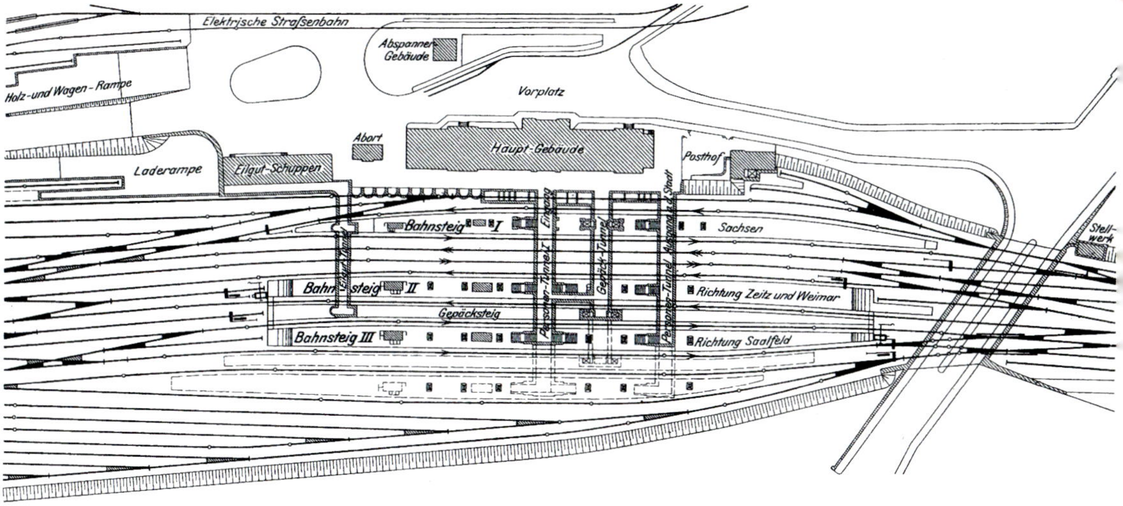

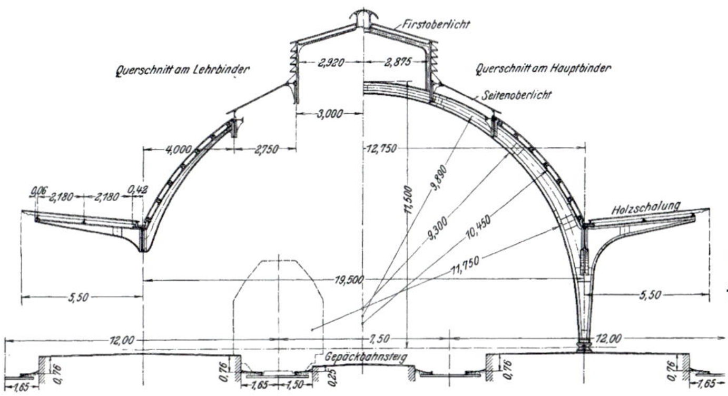

Der Personenbahnhofsteil von Gera wird im ehemals preußischen Teil von einer viergleisigen Halle dominiert, welche zwei Bahnsteige im Zugangsbereich überspannt. Wegen der hohen Bau- und Unterhaltungskosten verzichtete man später allerdings auf derartige Bauwerke und nutzte einfache Bahnsteigüberdachungen.

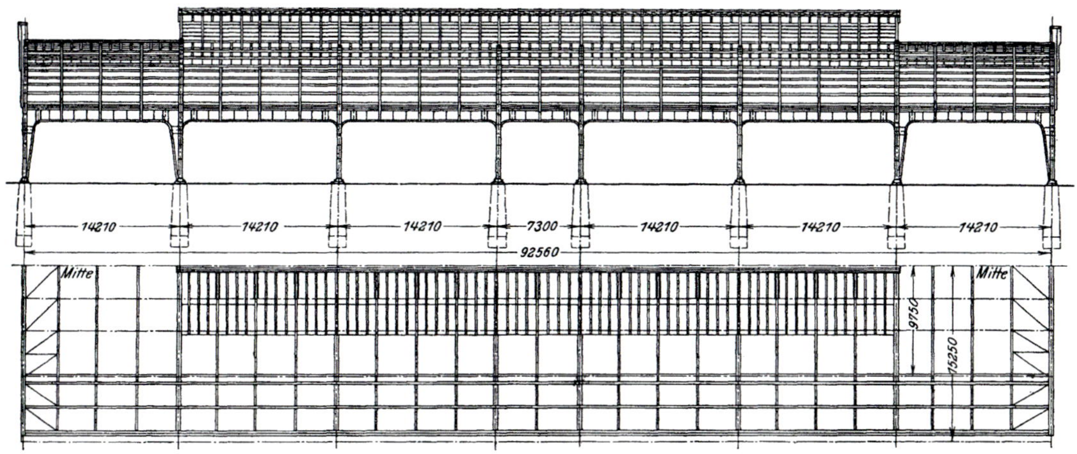

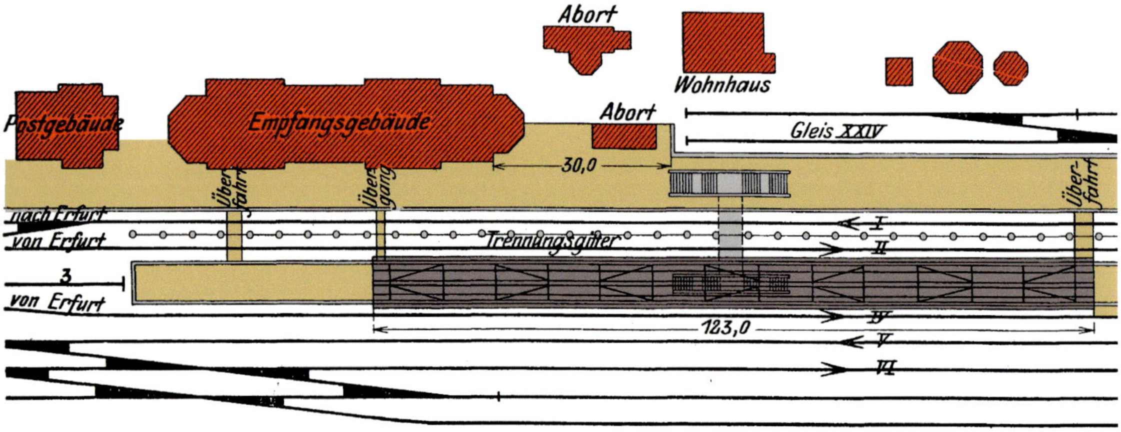

Der kleine und damit durchaus modellbahntypische Bahnhof Neudietendorf an der zweigleisigen Hauptstrecke Erfurt - Eisenach liefert ein gutes Beispiel für die rationale Verwendung von Bahnsteigdächern beim Vorbild. Während der Zugang zum Bahnsteigtunnel am Hausbahnsteig ohne Überdachung auskommen muss, finden die Reisenden am vorrangig zum Umsteigen von und nach Arnstadt genutzten Zwischenbahnsteig auf etwas mehr als 130 m eine Überdachung vor. Sie macht jedoch nur ein gutes Drittel der Bahnsteiglänge aus.
Gut zu erkennen sind zudem der Dienstübergang sowie die Zufahrten für die Post- und Gepäckkarren.

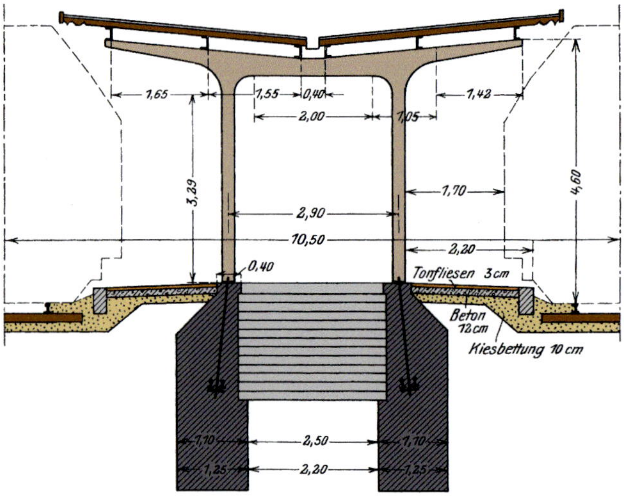

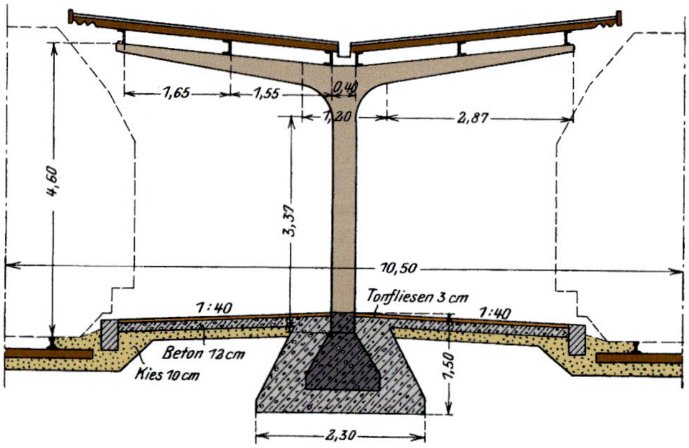

Das Bahnsteigdach mit von Mittelträgern in T-Form gehalten. Nur im Bereich der Treppen finden sich Doppelträger.

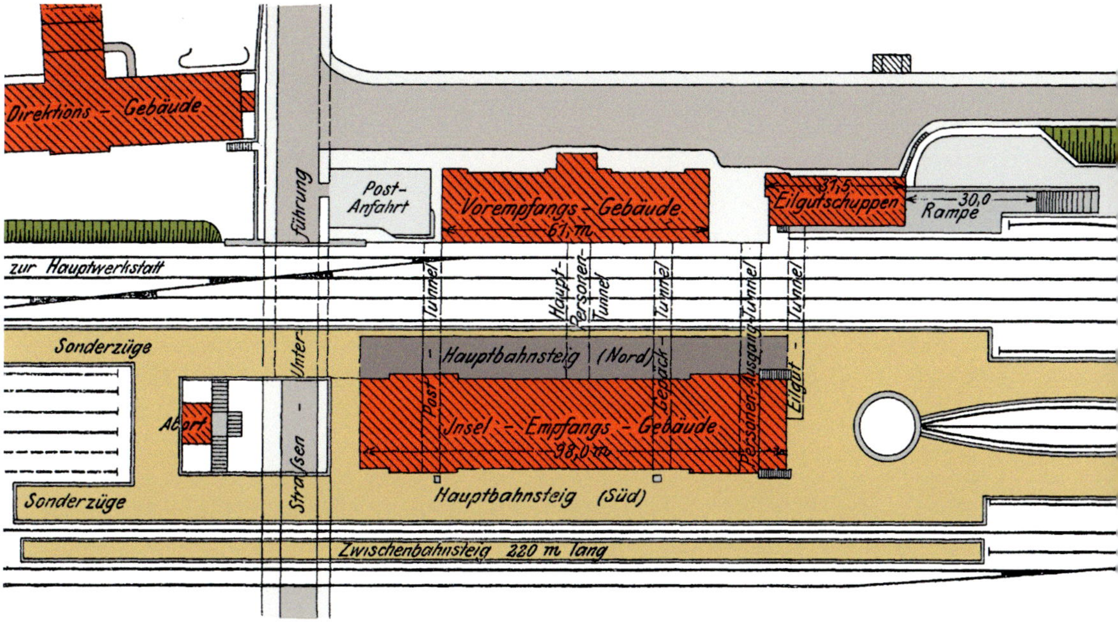

Am größeren Personenbahnhof Erfurt fällt neben dem zweigeteilten Empfangsgebäude auch die stadtnahe Lage der Expressgutabfertigung neben dem Vorempfangsgebäude auf. Während dieses noch erhalten ist, musste das Hauptgebäude beim Umbau zum ICE-Bahnhof weichen.

Lange Zeit waren solche Szenen für größere Stadtbahnhöfe typisch: Unmittelbar neben dem Empfangsgebäude befand sich die Post mit einem separatem Bahnsteig für Postwagen.

Arten des Güterverkehrs der Eisenbahn

Im Güterverkehr der Eisenbahnen unterscheidet man bis heute verschiedene Sparten mit unterschiedlichen Arten der Behandlung und des Transportes der Waren:

- Stückgutverkehr – der Transport kleinerer Sendungen, die keinen ganzen Wagen füllen. Die Anlieferung oder Abholung erfolgt durch den Bahnkunden am Güterschuppen. Der Versand erfolgt als Sammelsendung, wobei die Wagen unter Umständen an den nächst größeren Bahnhöfen umgeladen und die Waren neu sortiert auf die Weiterreise geschickt werden. Der Stückgutverkehr spielt bei den Bahnen ab der Epoche IV kaum noch eine Rolle, da er heute komplett in der Hand von Speditionen und Kurierdiensten liegt. Letztere nutzen die Bahn dabei teilweise als Dienstleister im Container- und Wechselbrückenverkehr.
- Expressgut – es entspricht dem Stückgut, erfordert nur eine schnellere Abfertigung. Klassisches Bahn-Expressgut waren Postsendungen und Gepäck. Die Beförderung übernahmen nicht nur Güterzüge, sondern auch Packwagen der Reisezüge. Daher befand sich die Expressgutannahme oft im Empfangsgebäude beziehungsweise unmittelbar daneben anstatt im Güterschuppen. Einzelne Expressgüter spielen heute kaum eine Rolle.
- Wagenladungsverkehr – der Transport von Sendungen, die einen oder mehrere Wagen füllen. Der Umschlag erfolgte entweder an den Freiladegleisen und Rampen der Bahnhöfe oder direkt im Anschlussgleis des Kunden. Neben Stückgütern wie Kaufmannswaren, Maschinen, Anlagen etc. fallen unter den Wagenladungsverkehr auch Baustoffe, Düngemittel oder Brennstoffe. Eine Sonderform des Wagenladungsverkehres sind Ganzzüge, welche diese Güterverkehrssparte der Bahnen seit der Epoche III zunehmend bestimmen. Gemischte Züge mit Wagen unterschiedlicher Gattungen finden sich seit der Epoche V fast ausnahmslos bei der Deutschen Bahn AG.

Den systematischen Aufbau eines Güterbahnhofes beschreibt dieser Plan einer an der Berliner Ringbahn bei Treptow gelegenen Anlage. An die getrennten Streckengleise für den durchgehenden Personen- und Güterverkehr schließen sich die Aufstell- und Rangiergleise für hier beginnende und endende Züge an. Dann folgen die Schuppen- und Ladestraßengleise.
Wichtig waren den Planern um 1900 offenbar auch ausreichende Erweiterungsflächen, welche sie bereits (gestrichelt) berücksichtigten. Freunde gedehnter Rangiermanöver könnten diesen Plan unverändert als Entwurf einer eigenen Modellbahn übernehmen.

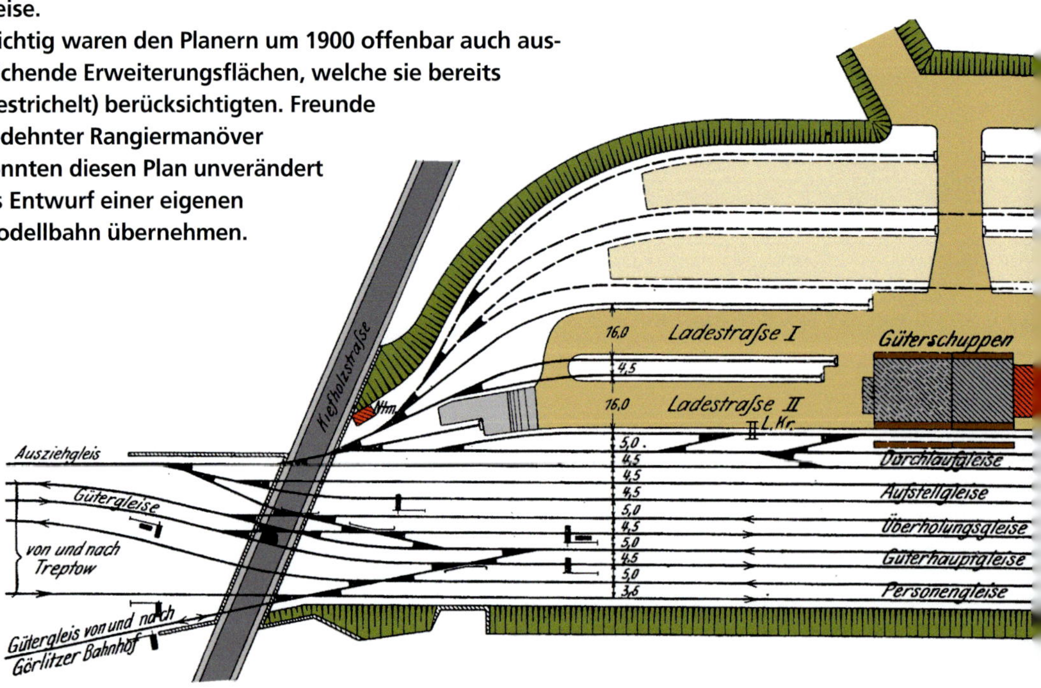

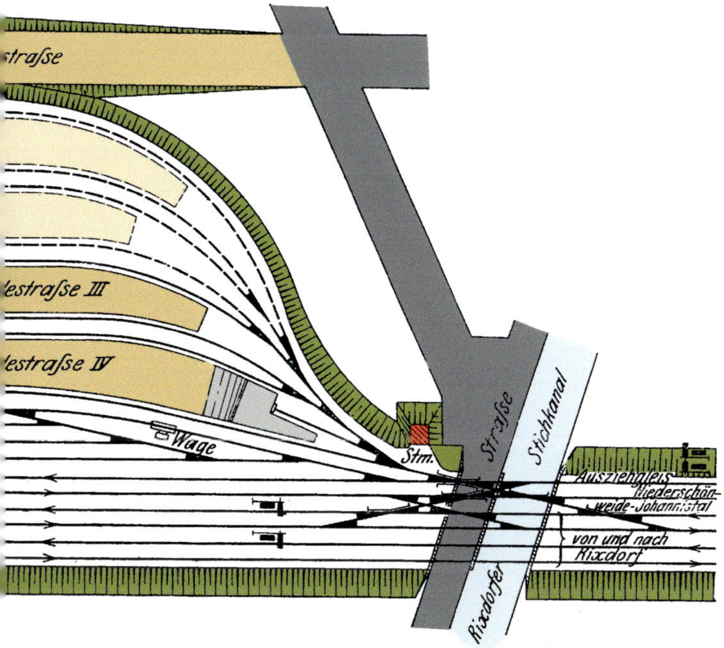

Bei obigem Güterbahnhof befindet sich die Ortsgüteranlage mit Freiladegleis und Schuppen auf der rechten Seite, während die Rangier- und Aufstellgleise der vorhandenen Anschließer wegen gegenüber angeordnet wurden.

Güterbahnhöfe

Zu einem Güterbahnhof gehören entsprechende Gleisanlagen zur Abfertigung von Zügen beziehungsweise der Aufstellung der zu behandelnden Wagen und die so genannte Ortsgüteranlage. Diese wiederum umfasst den Güterschuppen für den Stück- oder auch Expressgutverkehr sowie das Freiladegleis mit Rampe(n) für den Wagenladungsverkehr.

Die Dimension dieser Anlagen wiederum orientiert sich am Verkehrsaufkommen. Von daher besitzen vor allem größere Bahnhöfe mehrere Güterschuppen oder Freiladegleise sowie eine größere Anzahl von Gleisen zur Zugbildung.

In Ballungs- und Industriezentren gibt es zudem Güterbahnhöfe, die in erster Linie der Auflösung und Neuzusammenstellung von Zügen dienen. Diese bezeichnet man als Rangierbahnhöfe. Die Gleise für ein- und ausfahrende Züge werden in entsprechenden Richtungsgruppen gebündelt. Sie besitzen zudem regelmäßig Übergabegleise oder Gleisgruppen für (private) Werks- und Anschlussbahnen. Für die Nachbildung im Modell kommen Rangierbahnhöfe wegen ihrer räumlichen Ausdehnung jedoch weniger in Frage.

Die meisten Güterbahnhöfe sind Teil von gemischten Bahnhöfen, der überwiegenden Bahnhofsform des Vorbildes der Epochen I bis IV. Dort können die Güterverkehrsanlagen auf verschiedene Weise angelegt werden, was dem Modellbahner bei der Anlagengestaltung sehr entgegen kommt:

Anordnung der Güter- gegenüber den Personenverkehrsanlagen – dies hat den Vorteil einer vergleichsweise geringen Längenausdehnung des Bahnhofes, da die Anlagen in der

Im Bahnhof Bischleben, an der viergleisigen Strecke Erfurt – Neudietendorf gelegen, befindet sich die Ortsgüteranlage gegenüber dem Empfangsgebäude. Dies hat seine Ursache unter anderem in der Anordnung der Streckengleise, wodurch Nahgüterzüge die Personenzuggleise nicht kreuzen müssen. Interessant ist die Kreuzung vor der Rampe.

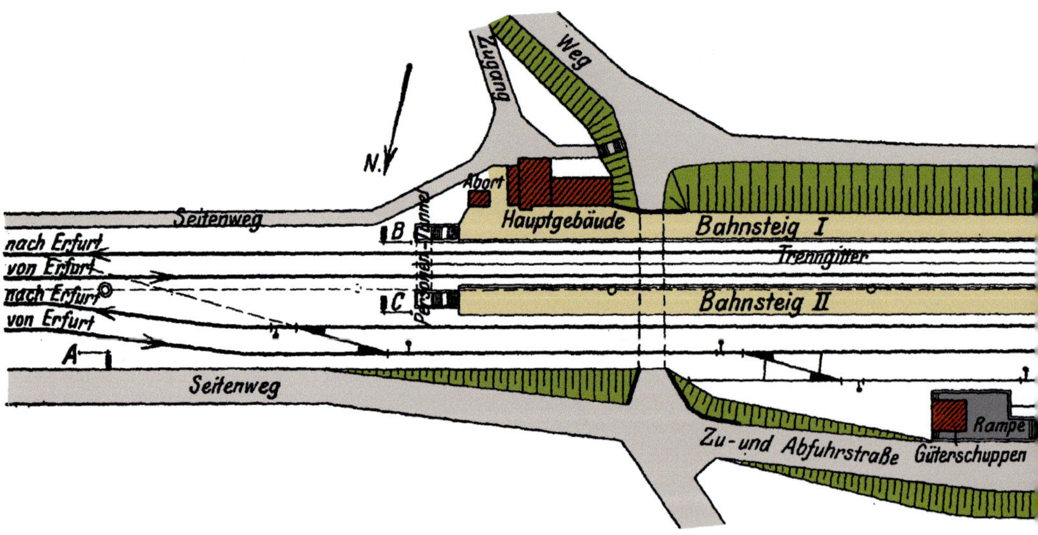

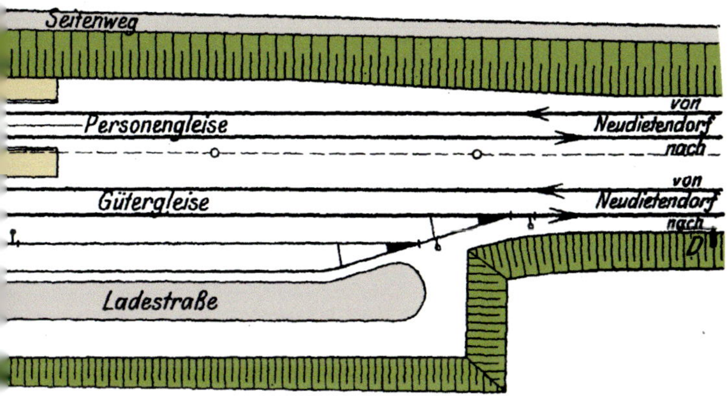

Im Zuge der im Sommer 1930 anstehenden Umbauarbeiten sollte Stassfurt zwar die Dreiwegweiche als Zufahrt zu den Gütergleisen verlieren, nicht aber die Drehscheibe vor der Laderampe, die zwei Lade- sowie ein Abstellgleis anbindet. Der Verschub der Wagen konnte auch per Seilzug erfolgen.

Für den Nachbau im Modell sollten allerdings keine der üblichen Lokdrehscheiben benutzt werden, denn die fallen deutlich zu groß aus.

Breite gestaffelt sind. Die Ortsgüteranlage selbst kann dabei wiederum auf der Seite des Empfangsgebäudes oder aber gegenüber angeordnet sein. Letzteres hat den Vorteil, dass zum Zustellen und Abholen der Waggons die Hauptgleise nicht gekreuzt werden müssen, was sich gerade bei dicht befahrenen Strecken auszahlt, wie das Beispiel Bischleben zeigt.

Bei kleineren Bahnhöfen ist in sehr vielen Fällen die Anordnung von Güterschuppen und Empfangsgebäude auf derselben Seite oder gar im gleichen Gebäude sinnvoll, weil dann aufgrund der kurzen Wege beide Dienststellen, also Gepäckabfertigung und Fahrkartenverkauf sowie Güterabfertigung, in Personalunion besetzt werden können. Diese kompakte Bahnhofsform ist für die Umsetzung ins Modell für die Epochen I bis III in der Regel empfehlenswert und bei etlichen handelsüblichen Bahnhofsmodellen mit angebautem Güterschuppen sogar zwingend vorgesehen.

Bei größeren Tiefenausdehnungen des Bahnhofsgleisplanes sollte man allerdings schon bei der Anlagenplanung auf die Erreichbarkeit aller Gleise im Falle von Havarien und Entgleisungen sowie zur Reinigung achten. Wird der Richtwert von etwa 60 Zentimetern überschritten, sollte der Bahnhof von beiden Seiten gut zugänglich sein.

Möglich ist auch die Anordnung der Güteranlagen hinter beziehungsweise neben den Personenverkehrsanlagen – dies hat den Vorteil einer geringen Breiten- beziehungsweise Tiefenausdehnung des Bahnhofes, was beim Vorbild gerade in Flusstälern und im Mittelgebirgsraum von Vorteil ist und entsprechend oft praktiziert wurde. Bei dieser Form befinden sich in vielen Fällen auch die Überholgleise im Bereich des Güter-

Am Lageplan des Bahnhofes Kahla wird die Anordnung von Güterschuppen, Rampe und Empfangsgebäude auf derselben Bahnhofsseite deutlich.
Für 1905 nicht unüblich war die Anlage des schmalen Zwischenbahnsteiges am Kreuzungsgleis 2. Durchgehendes Hauptgleis ist Gleis 1 am Hausbahnsteig.

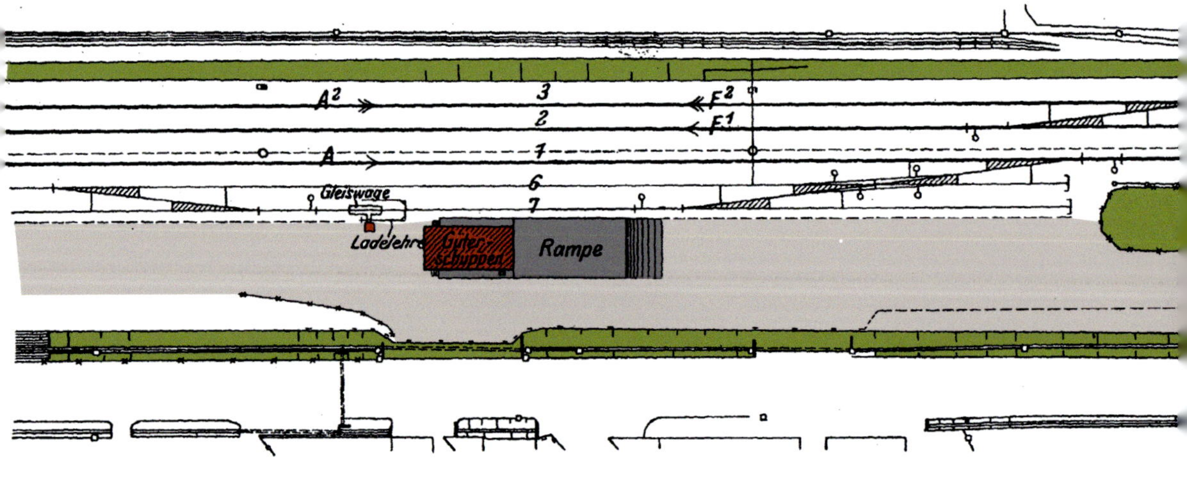

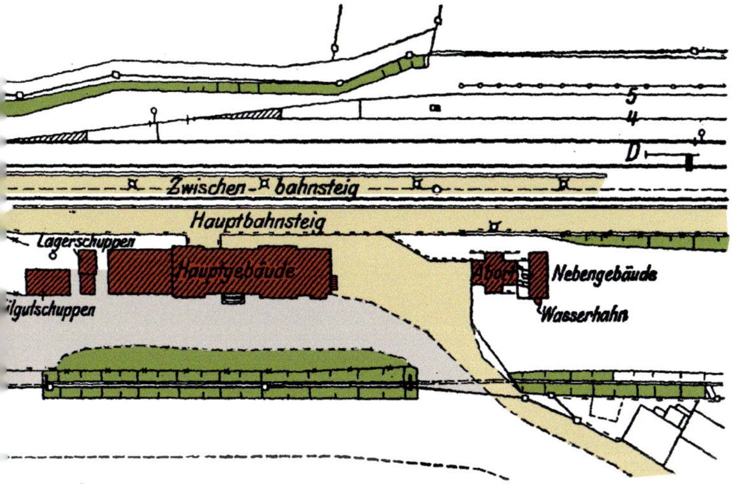

Als 01 529 im Sommer 1976 mit ihrem Personenzug 3003 den Bahnhof Kahla verlässt, hat sich dessen Erscheinungsbild einschließlich des schmalen Zwischenbahnsteiges gegenüber dem Plan von 1905 kaum verändert. Gut zu erkennen ist die langgestreckte Form des Bahnhofes.

Gruppe a. Aufstellgleise für die angekommenen und für die zur Abfahrt bereitgestellten Züge.
„ b. Ordnungsgleise zum Auflösen und Neuordnen der Züge.
„ c. Aufstellgleise für Verstärkungs- und Kurs-Wagen.
„ d. „ „ Bereitschaftswagen für Reisende.
„ e. „ „ Post- und Eilgut-Wagen.
„ f. Wagenschuppengleise.
„ g. Aufstellgleise für Luxuszüge, Sp ise- und Schlaf-Wagen.
„ h. Übergabegleise zum Austausche von Wagen mit dem Güterbahnhofe oder Verschiebebahnhofe.
„ i. Aufstellgleise für auszubessernde Wagen.
„ k. Verkehrsgleise für Lokomotiv- und Verschiebefahrten.

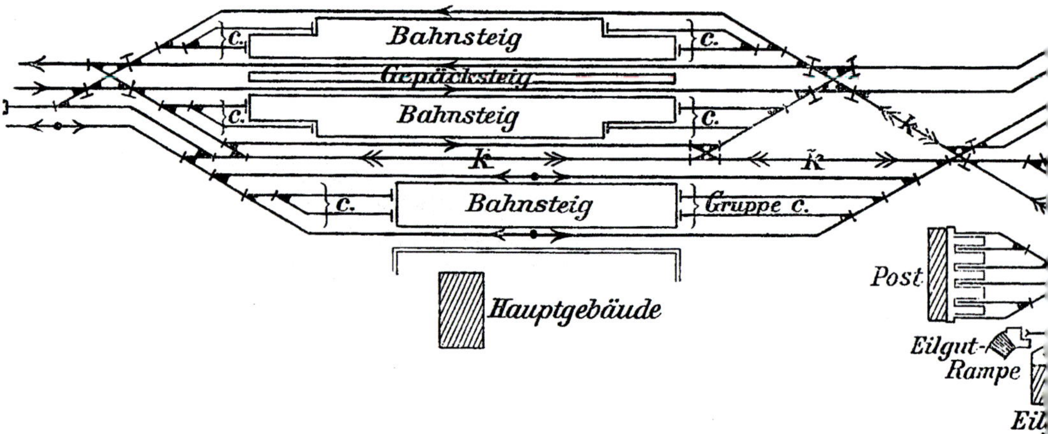

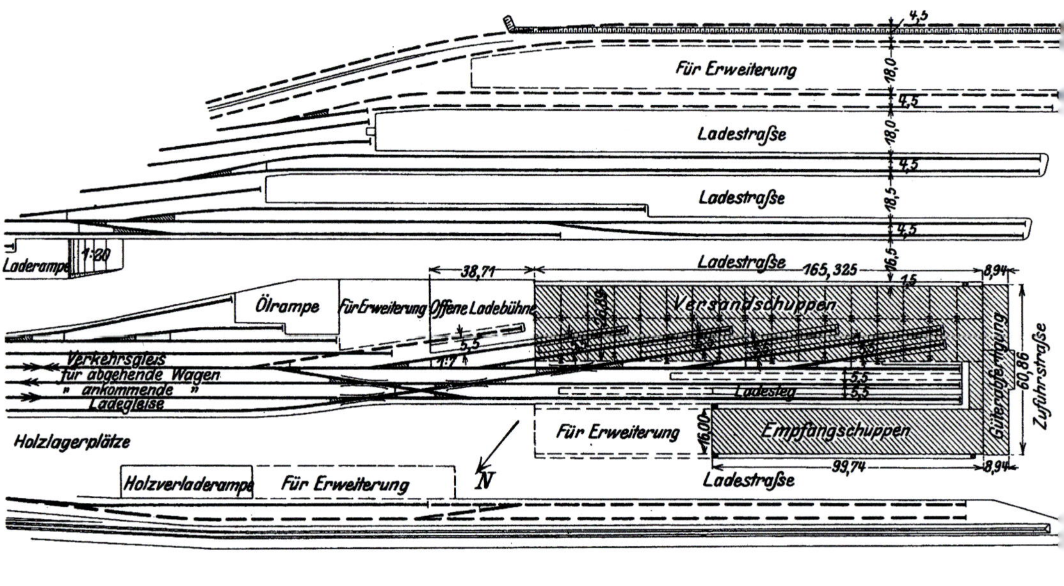

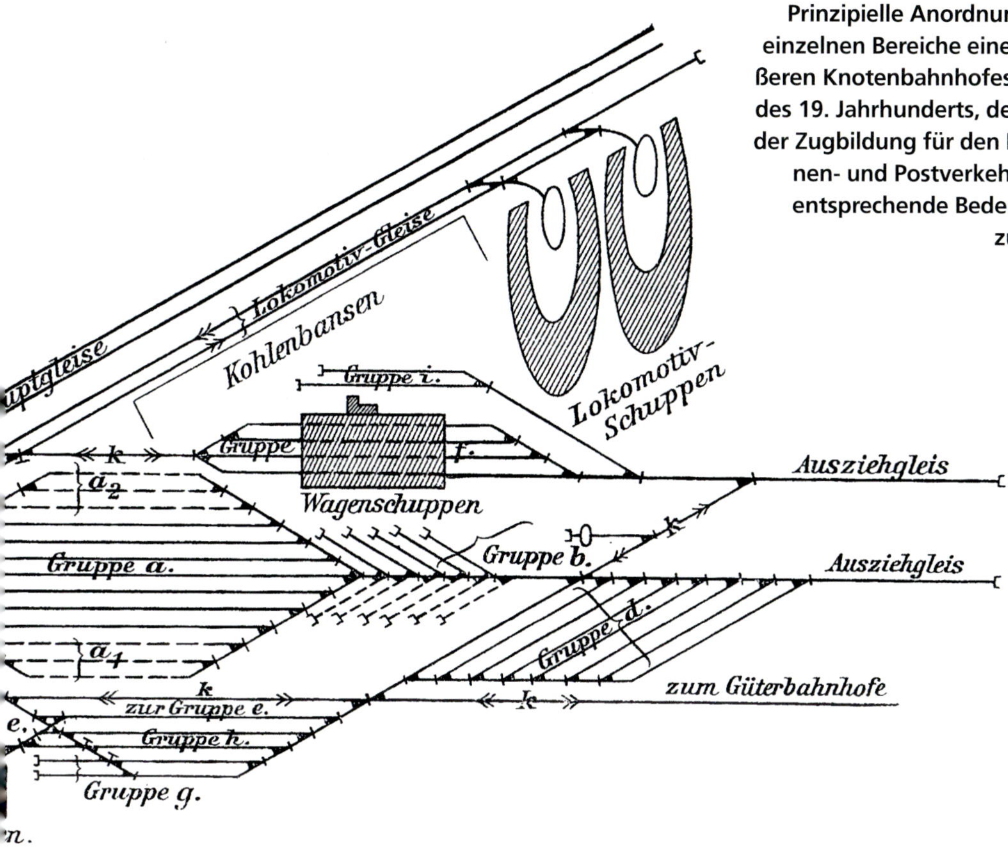

Prinzipielle Anordnung der einzelnen Bereiche eines größeren Knotenbahnhofes Ende des 19. Jahrhunderts, dem bei der Zugbildung für den Personen- und Postverkehr eine entsprechende Bedeutung zukam.

Der Lageplan der Ortsgüteranlage des mittelgroßen Bahnhofes Zeitz, die für sich allein bereits ein stattliches Betriebsdiorama abgeben. Auch hier fällt wieder auf, dass für Ladestraßen und Rampen großzügige Reserven berücksichtigt wurden.

Die Ladebühne aus nebenstehendem Plan mit schräg verlaufendem Gleis ist ihrer Ungewöhnlichkeit wegen ein Blickfang und dient auf dieser Anlage häufig dem Umschlag von Straßenfahrzeugen.

Häfen bieten umfangreiche Rangiermöglichkeiten, erfordern in der gezeigten Form allerdings auch entsprechenden Platz.

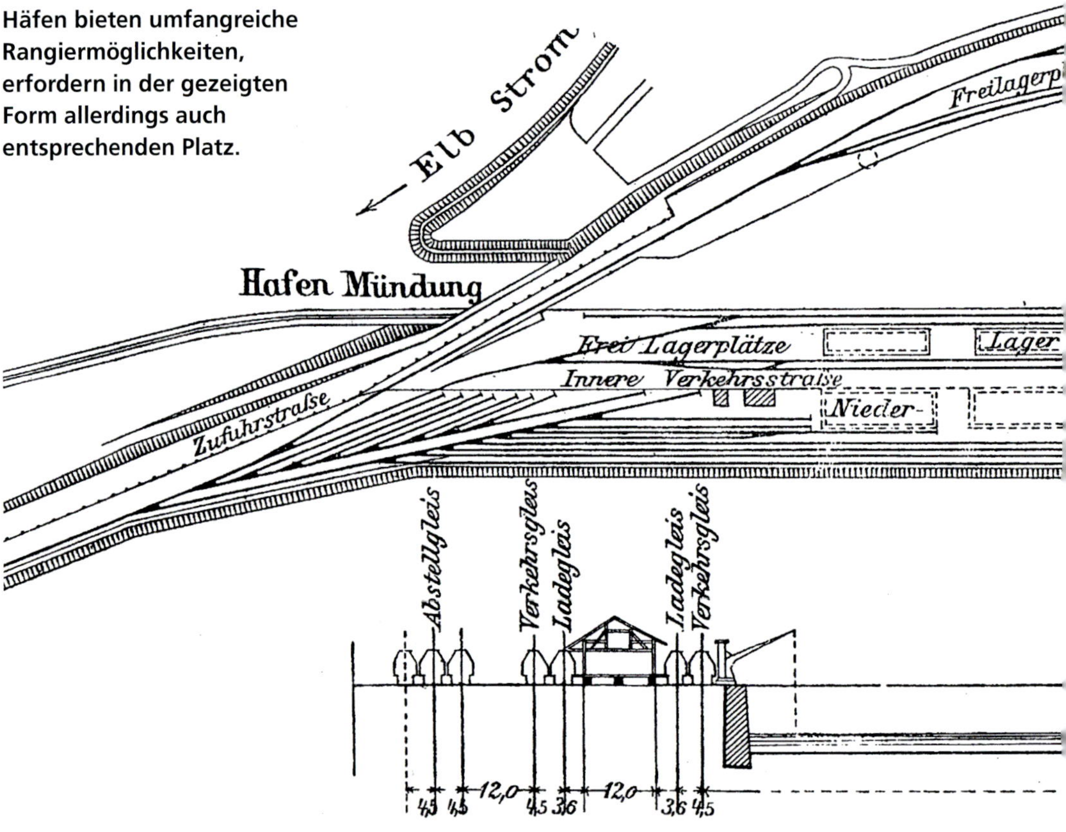

bahnhofes. Bei der Umsetzung ins Modell ergeben sich geringe Raumtiefen, was zur Wartung und Reinigung sinnvoll ist. Erkauft wird dies aber durch eine entsprechende Längenausdehnung. Empfehlenswert ist dieses Modell daher vor allem bei An-der-Wand- oder Modulanlagen.

■ Werksbahnhöfe

Sie sind eine spezielle Form von Rangierbahnhöfen, die nicht dem öffentlichen Verkehr dient. Ihre Ausdehnung reicht von wenigen Gleisen bis hin zu ausgedehnten Anlagen, in denen mehrere Rangierloks parallel arbeiten. Typische Werksbahnhöfe finden sich im Umfeld von Häfen, Tanklagern, großen Chemieanlagen, Bergwerken oder sonstigen Fabriken.

Die Aufgabe der Werksbahnhöfe besteht zum einen darin, Züge vom öffentlichen Netz aufzunehmen und Züge zum öffentlichen Netz bereit zu stellen. Dazu besitzen sie entsprechende Ein- und Ausfahrgruppen beziehungsweise

Lageplan des Dresdner Alberthafens im Zustand kurz nach seiner Eröffnung. Die umfangreichen Gleisanlagen mit Anbindung an den Güterbahnhof Friedrichstadt bestehen bis heute fast unverändert, obgleich sich der Umschlag Schiene-Schiff deutlich reduziert hat.

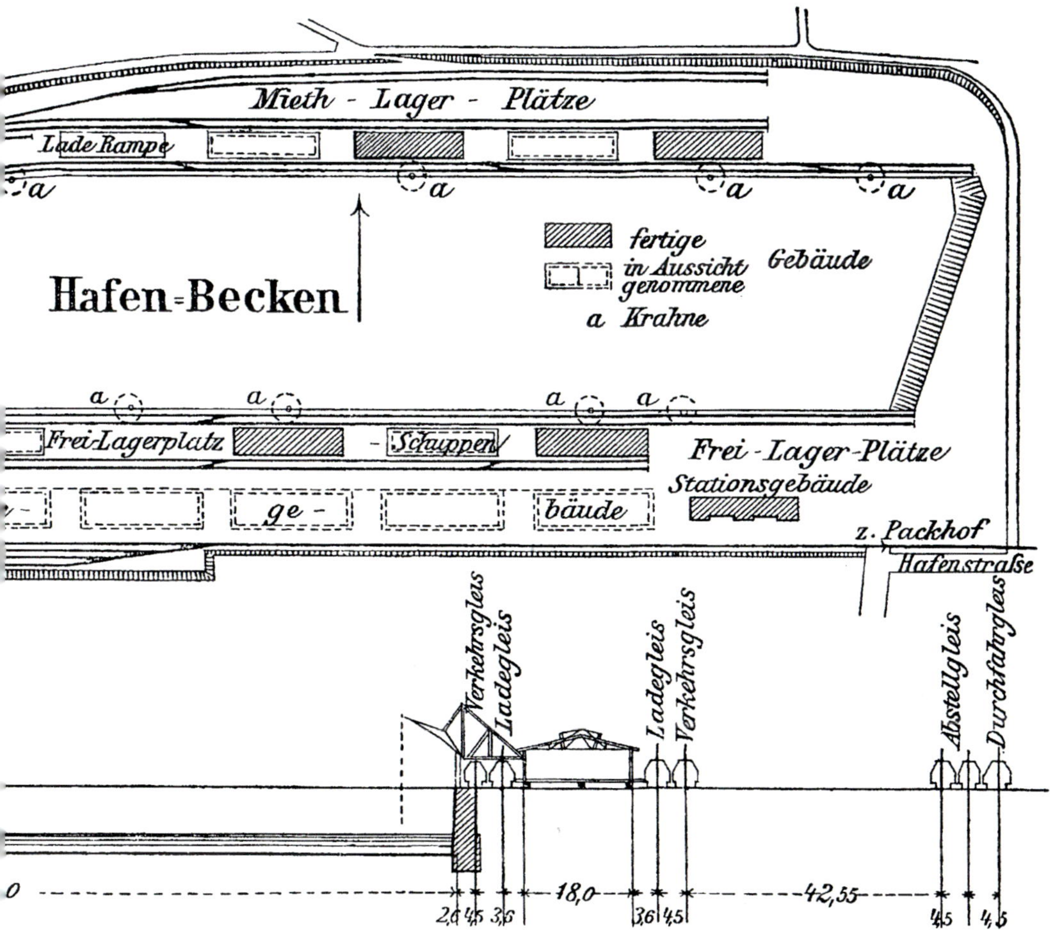

Mitunter können die Gleisanlagen eines Werkes beachtliche Ausmaße annehmen. So verfügte der Werksbahnhof Karsdorf zur Blütezeit über 34 Kilometer Gleisanlagen mit eigenen Ein- und Ausfahrgruppen.

Übergabegleise. Hinzu kommen Rangiergleise, auf denen Wagen oder Wagengruppen für die verschiedenen Ladestellen und Verladeanlagen innerhalb des Werkes bereit gestellt werden.

Oft runden eine Wagenwerkstatt sowie ein Lokschuppen für die eingesetzten Rangierloks die baulichen Anlagen der Werksbahnhöfe ab. Auch dort bestimmt das Aufkommen die Größe der Anlagen.

Anschlussstellen

Sie sind eine an Bahnhofsausfahrten oder auf der freien Strecke zu findende Bahnhofsform,die ausschließlich für den Güterverkehr bestimmt ist. Anschlussstellen besitzen in der Regel nur eine einzelne Zugangsweiche, weshalb während der Bedienung Zugfahrten auf dem zugehörigen Abschnitt nicht möglich sind. Als Schutz der Strecke gegen unbeabsichtigt abrollende Wagen sind die Anschlussstellen immer mit Gleissperren oder besser einer Schutzweiche ausgerüstet.

Eine klassische Anschlussstelle im Hafen Emmerich bedient die 360 608 der Bocholter Eisenbahn. Die Sicherung erfolgt mit separater Gleissperre und einem Tor.

Ausweichanschlussstellen

Sie stellen eine Miniaturform des Werksbahnhofes dar und erlauben die Bedienung eines Anschlusses an freier Strecke ohne Einschränkung des Zugverkehrs. Entsprechende Gleisanlagen erlauben das komplette Einfahren der Übergabeeinheit oder auch eines ganzen Zuges in den Werksanschluss sowie das anschließende Rangieren ohne weitere Mitnutzung

Auch auf der freien Strecke können sich Anschlusstellen befinden, beispielsweise zur Verladung von Holz oder ähnlichen Produkten.

Der Einsatz ausländischer (Diesel-) Loks macht das Thema Grenzbahnhof für Modellbahner interessant. Naturgemäß haben H0-Fans bei der Modellvielfalt die Nase vorn.

des Streckengleises. Dieses wird nach der Einfahrt der Übergabe frei gemeldet und steht danach dem regulären Betrieb wieder zur Verfügung. Für die Rückfahrt meldet sich die Übergabe fertig und darf erst nach Zustimmung des Fahrdienstleiters zurück auf die Strecke zum Bahnhof.

Im Normalfall besitzt der Ein- und Ausfahrbereich einer Ausweichanschlussstelle mindestens zwei Gleise – eines zum Einfahren und ein weiteres zum Umsetzen der Lok. Daran schließen sich die Zufahrten zu den Ladestellen an.

Soll die Werkbahn eine eigene Rangierlok besitzen, dienen vorstehend beschriebene Anlagen als Wagenübergabestelle (Wüst). Dort befährt die Zuglok nach der Einfahrt und dem Abkuppeln ein kurzes Wartegleis. Anschließend kann die Werklok den Eingangszug abziehen und die Streckenlok vom Wartegleis an den im Nachbargleis bereit stehenden Ausgangszug umsetzen. Derartige Ausweichanschlussstellen eigenen sich als Bahnhofsersatz, wenn bei geringem Platz auf einer Anlage Schnell- und lange Güterzüge verkehren sollen.

Grenzbahnhöfe

Je nach Ausstattung unterscheiden sich Grenzbahnhöfe kaum von regulären (Güter-) Bahnhöfen, sie besitzen lediglich einige Lokwartegleise mehr.

Für Modellbahner sind Grenzbahnhöfe vor allem wegen des möglichen Einsatzes ausländischer Diesel- und Elektrolokomotiven oder auch entsprechender Personenzüge interessant. Letztere hielten zu Zeiten eines begrenzten Europas oft an separaten und umzäunten Bahnsteigen, damit Zoll und Grenzzschutz besser Zug und Reisende kontrollieren konnten. Reste derartiger Anlagen finden sich heute nur noch in den nicht modernisierten Grenzbahnhöfen Ostdeutschlands, etwa in Zittau oder Forst.

Etwas aufwändiger wird es bei der Nachbildung elektrifizierter Grenzbahnhöfe wie Emmerich, da es derzeit nur bedingt vorbildgetreue ausländische Fahrleitungen gibt, etwa in Schweizer oder Österreichischer Form. Doppelleitungen nach niederländischem Vorbild sucht man noch vergebens.

Lediglich der trennende Zaun am Bahnsteig sowie zweisprachige Schilder verraten 2005 in Forst, dass es sich um einen kleineren Grenzbahnhof mit geringem Aufkommen handelt.

5 Dimensionierung

Wohl nur wenige Modellbahner verfügen über unbeschränkten Platz zur Ausübung ihrer Leidenschaft. Deshalb sind bei der Umsetzung des Themas Bahnhof ins Modell Kompromisse unvermeidlich, denn selbst ein mittelgroßer Bahnhof würde bei maßstäblicher Umsetzung in die nenngröße H0 zwischen sieben und zehn Metern Platz verbrauchen. Und das ohne einen einzigen Zentimeter Strecke! Hinzu kommt, dass eine solche Anlage aufgrund der Ausdehnung schnell langweilt.

Abweichungen vom Vorbild ergeben sich zwangsläufig auch im Betrieb: Nur wenige Modellbahner bauen einen konkreten Bahnhof exakt einschließlich der Betriebssituationen des Vorbildes nach. Besonders wichtig ist es deshalb, sich zur Nachbildung einen Bahnhofstyp herauszusuchen, der den eigenen Vorlieben der Modellbahnerei am Nächsten kommt.

So bevorzugt der Eine einfache Gleisanlagen, weil das Erleben der fahrenden Züge im Mittelpunkt steht. Ein Anderer rangiert lieber und legt deshalb großen Wert auf eine entsprechende Ortsgüteranlage mit dazugehörigen Aufstellgleisen und einigen Nebenanschlüssen von Betrieben, die es zu bedienen gilt. Wieder Andere versuchen, beide Betriebsszenarien unter einen Hut zu bekommen.Vorlagen für geeignete Anlagen dürften sich bereits in den vorangegangenen Kapiteln in ausreichender Zahl gefunden haben.

Die im Folgenden vorgestellten Modell-Bahnhofspläne basieren daher unter Berücksichtigung obiger Randbedingungen zumeist auf gängigen Gleissystemen des H0-Maßstabs und deren Geometrie und sind für Heimanlagen oder entsprechende Betriebsdioramen mit Längenausdehnungen bis maximal fünf Metern zugeschnitten. Sie sollen wie schon die jeweiligen Vorbildgleispläne vorrangig als Anregung und nicht als Aufforderung zum sklavisch-genauen Nachbau dienen. Bereits mit ersten Grunderfahrungen im Modellbau fällt der Nachbau vergleichsweise leicht.

Abweichungen, etwa durch Eigenbau von Gleisen oder die Modifizierung handelsüblicher Weichen und anderer Gleisverbindungen werden an entsprechender Stelle erwähnt.

Der Gleisplan des nebenstehenden Durchgangsbahnhofs an einer zweigleisigen Strecke ist mustergültig entwickelt. Heute würde man allerdings für eine vorbildgerechtere Verbindung der linken vier Haupt- und Überholgleise schlanke Weichen mit ungeteilten Zungen verwenden.

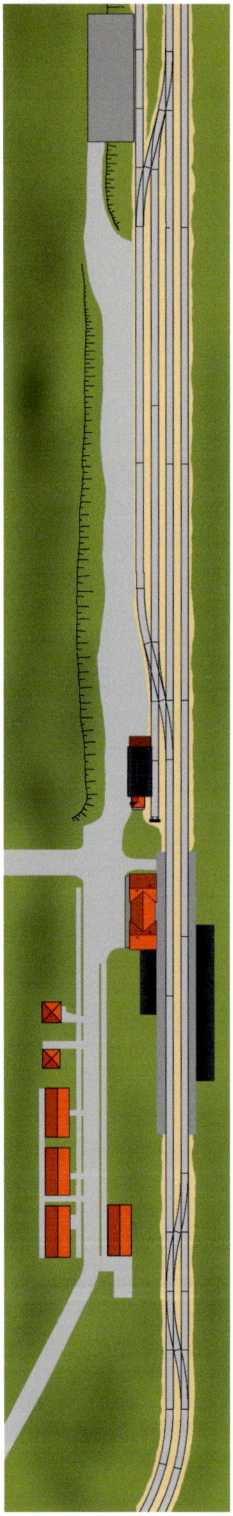

Von Modellbahn-Puristen gern verbrämte Unzulänglichkeiten einiger Gleissysteme, vor allem bei den Weichenwinkeln, werden genutzt, um betriebliche und bauliche Unterschiede in den Gleisanlagen nachzubilden. Diese Herangehensweise ist dabei keineswegs willkürlich: So hat sich bei vielen zur Ausbildung von Fahrdienstleitern dienenden Eisenbahnbetriebsfeldern an Technischen Hochschulen bewährt, Bahnhöfe in der Breite im Maßstab 1:87, in der Länge aber in Maßstäben zwischen 1:200 und 1:250 anzulegen.

Die bei den Modellbahnern beliebtesten Epochen sind II und III, gefolgt von der Epoche IV. Deshalb orientieren sich die grundlegenden weiteren Ausführungen in diesem Buch an seinerzeit üblichen Grundsätzen der Bahnhofsgestaltung, Signalisierung und Betriebsabwicklung unter Berücksichtigung des entsprechenden Marktangebotes an Großserienmodellen von Gleisen und Fahrzeugen.

Eines sei vorweggenommen: Die nebenstehende Aufstellung soll nicht die Freude an der Modellbahn und dem Einsatz imposanter Züge vermiesen. Vielmehr geht es darum, dem der Spielbahn entwachsenden Modellbahner aufzuzeigen, wo die Grenzen für eine am Vorbild orientierte Betriebsweise der Modelleisenbahn liegen und wie diese sich in Teilen durch die Wahl des Bahnhofstyps und der richtigen Gleisplanung verschieben lassen. Anhand der Zahlen ist rasch erkennbar, dass sich auf den üblichen Zimmeranlagen eigentlich nur Nebenbahnen oder kleinere Durchgangsbahnhöfe an Hauptstrecken umsetzen lassen. Allerdings gibt es auch heute beim Vorbild noch Bahnhöfe, in denen bestimmte Züge nicht kreuzen oder überholen können, weil die vorhandenen Gleislängen bei weitem nicht ausreichen. Der Modellbahner kann daher in vielen Fällen ruhig ebenso verfahren – Hauptsache, seine längsten Züge passen noch in den Schattenbahnhof oder lassen sich anderweitig auf der Strecke abstellen.

Das Beispiel des Bahnhofes Großharthau an der Strecke Dresden – Bischofswerda im Zustand der 1980er-Jahre zeigt recht schnell Grenzen derart langgestreckter Bahnhöfe für die Nachbildung auf einer klassischen Rechteckanlage auf. Plant oder baut man dagegen eine langgestreckte Modulanlage, entspricht dieser Bahnhof der Anlagenform optimal.

Rechts oben: Wegen seiner bescheidenen Gleisanlagen und vor allem der kompakten Dreiwegweiche an der oberen Bahnhofsausfahrt eignet sich dieser fast ausschließlich dem Personenverkehr dienende Abzweigbahnhof gut für eine Anlage in der gewohnten Rechteckform.

Eckdaten zur Bahnhofsplanung (Auswahl)

Objekt	Länge	H0 (1:87)	TT (1:120)	N (1:160)
Güterzug	500 m	5,74 m	4,17 m	3,13 m
D-Zug (12-Wagen 26,4 m)	337 m	3,87 m	2,80 m	2,10 m
Personenzug (5-Wagen-26,4 m)	152 m	1,74 m	1,26 m	0,95 m
Hauptgleis	750 m	8,62 m	6,25 m	4,68 m
Minimalgleisbogen (Rangiergleis)	80 m	92 cm	67 cm	50 cm
Weichenbogen 40 km/h	190 m	218 cm	158 cm	118 cm
Weichenbogen 60 km/h	500 m	574 cm	417 cm	313 cm
Weichenbogen 100 km/h	1200 m	1.379 cm	1.000 cm	750 cm
Bahnsteigbreite	6 m	6,9 cm	5,0 cm	3,7 cm
Bahnsteiglänge (DRG-Nahverkehr)	220 m	252 cm	183 cm	138 cm
Bahnsteiglänge (DRG-Fernverkehr)	440 m	504 cm	366 cm	276 cm
Bahnsteiglänge (DBAG Nahverkehr)	190 m	218 cm	158 cm	118 cm
Bahnsteighöhe über SO (DRG)	20 cm	2,3 mm	1,7 mm	1,2 mm
Bahnsteighöhe über SO (DBAG)	80 cm	9,2 mm	6,7 mm	5,0 mm
Ladestraße	12 m	13,8 cm	10,0 cm	7,5 cm

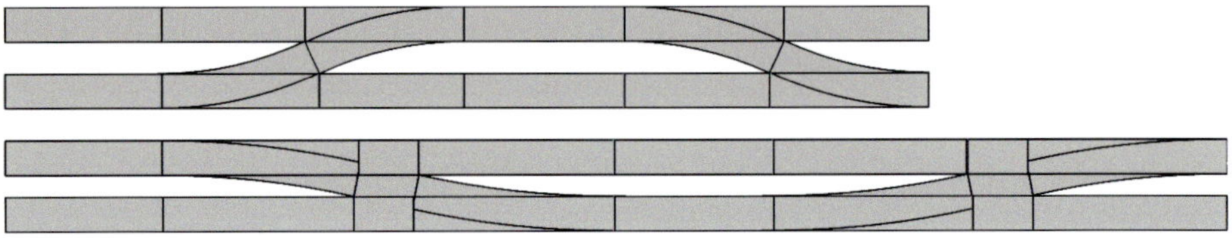

Am Beispiel des H0-C-Gleis-Systems von Märklin/Trix werden die Unterschiede in den Weichenwinkeln und Gleisabständen recht deutlich. Ähnlich verhält es sich auch beim Roco-Line-Gleis.

Einfluss der Gleisgeometrie

Einen nicht zu unterschätzenden Einfluss hat neben dem Maßstab selbst die Geometrie des gewählten Gleissystems. Und in den gängigsten Nenngrößen H0, TT und N gibt es durchaus Wahlmöglichkeiten, wobei diese bei den H0-Zweileiter-Systemen naturgemäß am größten sind.

Von Haus aus besitzen alle Standard-Gleissysteme immer Weichen mit vergleichsweise großen Weichenwinkeln von 15 bis zu 22,5 Grad. Um eine möglichst kurze Bauform realisieren zu können, sind entsprechend kleine Kurvenradien der abzweigenden Gleise nötig. Dies wiederum ist dem traditionellen Wunsch der meisten Modellbahner geschuldet, auf engem Raum im Bahnhof möglichst viele Gleisverbindungen realisieren zu wollen. Die Folge sind oft recht eckig wirkende Gleisverbindungen, die der vom Vorbild gewohnten Optik mit eleganten Kurven nur wenig nahe kommen.

Für die anspruchsvolleren Modellbahner finden sich dann oft schlanke Weichen mit Winkeln zwischen 7,5 und 12 Grad, die zudem länger gebaut sind. Abgerundet werden die Sortimente dann noch durch Sonderformen wie doppelte Kreuzungsweichen, Dreiwegweichen und Bogenweichen. Die beiden erstgenannten Formen waren vor allem in der Epoche I beim Bahnbau auch auf Hauptstrecken sehr beliebt, weil sie die Anlage Platz sparender Gleisfiguren ermöglichten, was wiederum die Grunderwerbskosten niedrig hielt. Nachteilig wirkte sich allerdings bei steigenden Belastungen durch höhere Geschwindigkeiten und Zuggewichte die im Vergleich zu einfachen Weichen überproportional anwachsenden Unterhaltskosten aus. Deshalb waren und sind die Bahngesellschaften bis heute bemüht, entsprechende Sonderformen durch einfache Weichen zu ersetzen. Vorrang bei den Umbauten haben natürlich die Hauptgleise in den Bahnhöfen.

Am Tillig-TT-Modellgleissystem sei an diesem Beispiel einer Bahnhofseinfahrt die sinnvolle Verwendung der verschiedenen Weichenformen aufgezeigt: Die durchgehenden Hauptgleise verbinden 12°-Weichen mit 984 mm Abzweigradius, die Nebengleise das Güterbahnhofs oberhalb der Bahnsteige 15°-Weichen mit einem Abzweigradius von 631 mm. An der Laderampe dagegen liegen 15°-Weichen mit 353 mm Abzweigradius.

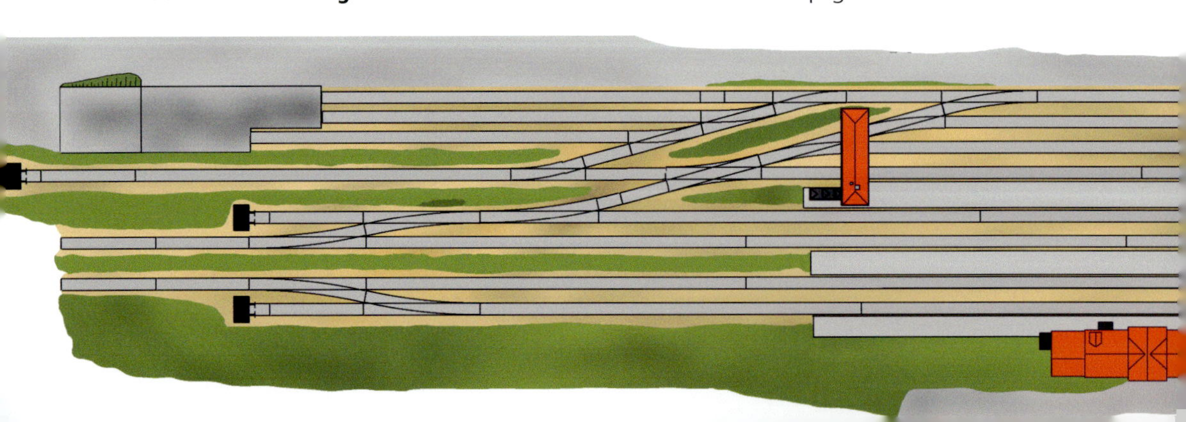

Derartige Weichenverbindungen, wie hier im Grenzbahnhof Forst in der Niederlausitz, gestaltet man im Modell zur Wahrung des optischen Eindrucks am Besten mit den kürzeren Standardweichen. Leider sind diese bislang in keiner Nenngröße als Großserienprodukt in der aktuellen Ausführung mit Betonschwellen erhältlich.

Der Einfluss der Gleisart auf das verwendete Weichenmaterial lässt sich gut am Beispiel des Bahnhofes Löcknitz ablesen: Das durchgehende Hauptgleis in der Mitte besitzt einschließlich der Weichen bereits Betonschwellen, während die beiden Kreuzungs- und Überholungsgleise mitsamt ihren Weichen 2007 noch klassische Holzschwellen sowie Flankenfahrt-Schutzweichen besitzen.

Streckentyp und Weichen

Zur Nachbildung von Nebenbahnen eignen sich selbst die steileren Weichen und engeren Kurvenradien der Standard-Gleisprogramme. Beim Vorbild hatten derartige Bahnlinien nur eine untergeordnete Bedeutung, entsprechend wenig wollte man in den Bahnbau investieren. Die Folge sind krümmungsreiche Streckenverläufe, die ein Minimum an teueren Erdarbeiten und Kunstbauten wie Brücken und Tunneln erforderten. Steile Einfach- sowie Doppelte Kreuzungs- und auch Dreiwegweichen hielten die toten Gleislängen im Bahnhof gering und minimierten die Kosten beim Grunderwerb und Bau. Standardweiche auf derartigen Linien waren lange Zeit solche der Bauform 1:9 mit einem Weichenbogen von 190 m. Die wegen der technischen Beschränkungen geringeren Geschwindigkeiten für die Befahrbarkeit von 40 km/h im Weichenbogen spielten eine untergeordnete Rolle, weil auf den meisten Nebenbahnen die Höchstgeschwindigkeit generell auf 50 km/h beschränkt blieb.

Auf vielen Hauptbahnen, egal ob ein- oder zweigleisig, betrug die Höchstgeschwindigkeit bis weit nach Ende des Zweiten Weltkrieges 100 beziehungsweise 120 km/h. Abzweigende Weichenbögen waren mit 40 oder 60 km/h befahrbar. Derartige Konfigurationen lassen sich durchaus glaubwürdig noch mit den vorhandenen schlanken Weichentypen nachgestalten. Sie stehen dann für die Vorbildbauformen mit Weichenbögen von 500 bis 1200 m. Werden sie wie beim Vorbild primär zwischen den durchgehenden Hauptgleisen und den Kreuzungsgleisen genutzt, im Güterbahnhof und den Abstellbereichen dagegen steilere Weichen, entsteht auch im Modell gut erkennbar das typische Gleisbild der Epochen II bis IV.

Die ganz moderne Bahn der Epoche V mit den für 160 bis 200 km/h auch im Abzweig befahrbaren sehr schlanken Weichen und vor allem durchgehenden Betonschwellenrosten kann momentan mit Großserienprodukten mangels Verfügbarkeit sowieso nicht im Modell nachgestaltet werden. Mög-

Derartige Weichenverbindungen mit Außenbogen- (vorn Mitte) Standard- und Bogenweichen (hinten) wie im Bahnhof Schwandorf in der Oberpfalz lassen sich im Kleinen so nur mit Modellgleisen nachbilden, da die handelsüblichen Weichen teilweise gekürzt und ineinandergeschoben verlegt werden müssen.

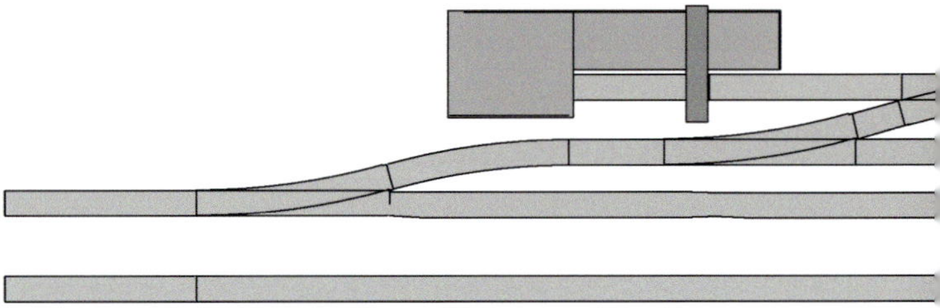

Musterbahnhof an einer ein- oder auch zweigleisigen Strecke. Er bietet Raum zur Anlage von zwei einseitigen Bahnsteigen an den unteren beiden Gleisen. Die Ladegleise mit Güterschuppen (rechts oben), Freiladegleis und Laderampe (links oben) liegen gegenüber dem Empfangsgebäude. Verwendet werden einfache Weichen mit Zwischengeraden.

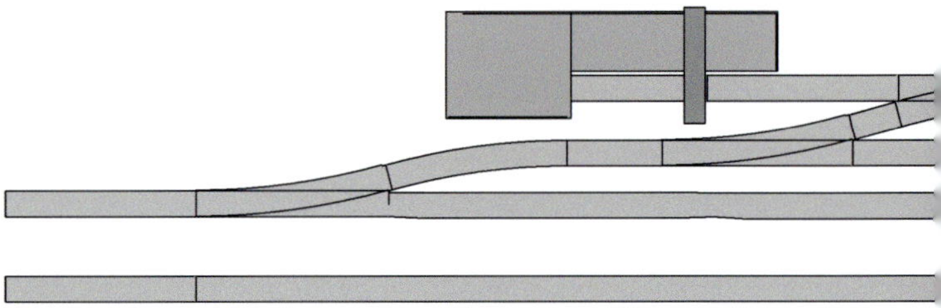

Der Ersatz der rechten Weichenverbindung aus obigem Beispiel durch eine doppelte Kreuzungsweiche ergibt einen größeren Gewinn an Nutzlänge an der Ladestraße sowie den darunter liegenden Aufstellgleisen.
In dieser Form entspricht der Gleisplan den Baugrundsätzen der Epochen I bis III.

lich ist eine Differenzierung hier nur durch ein Einsatz von Weichen mit Holzschwellen, Bahnhofsgleisen auf Betonschwellen und dem weitgehenden Verzicht auf Weichensignale. Ein derartiges Erscheinungsbild entspricht dem vieler Bahnhöfe in den 1980er- und 1990er-Jahren.

Ein kleinerer, aber dafür um so liebevoller gestalteter Bahnhof mit Telegrafenleitungen, Spannwerken und Kilometersteinen, wie etwa das Beispiel Olbersleben aus Thüringen im Zustand der frühen 1990er-Jahre, vermag einen Betrachter stets mehr zu faszinieren, als ein überladenes und gestauchtes Großstadt-Pendant.

Weniger ist mehr

Das Ziel sollte deshalb in der Beschränkung liegen, denn nicht erst in Zeiten stetig steigender Preise für Rollmaterial und Zubehör gilt auch auf der Modellbahn: Weniger ist mehr! Ein gut gestalteter Bahnhof mit einem logischem Gleisbild macht immer mehr her, als ein wenig plausibel auf engstem Raum angelegter Großstadtbahnhof. Wer nicht auf Letzteren verzichten will, der sollte sich bei der Nachbildung auf einen Ausschnitt aus dem Geschehen beschränken und dieses entsprechend gestalten. Im folgenden sollen Mustergleispläne mit den entsprechenden Erklärungen eine Unterstützung bei der Bahnhofsplanung sein.

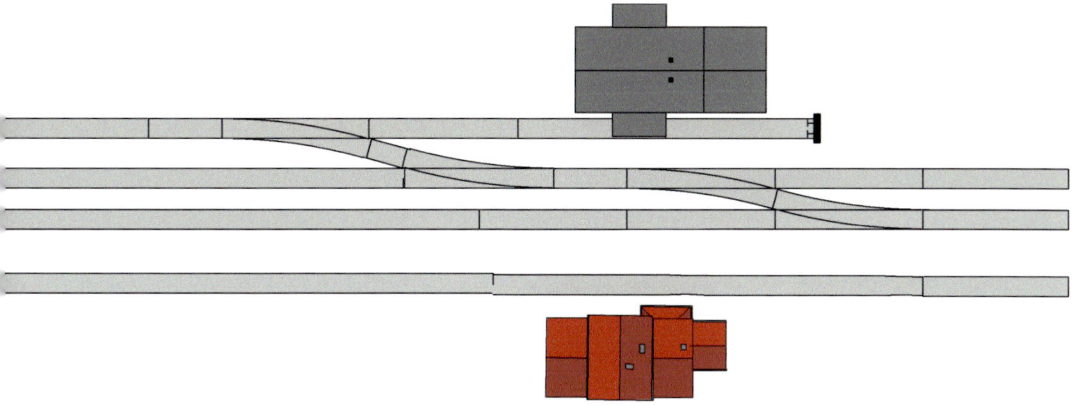

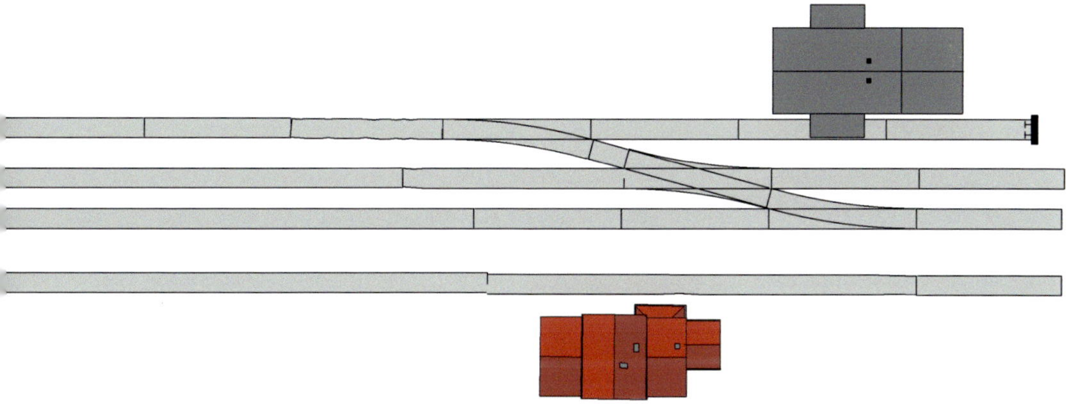

OLBERSLEBEN
202 543-5

Gleisentwicklung eines kleinen Durchgangsbahnhofes auf Basis des H0-Rocoline-Gleises mit 15°-Weichen und dem Bogenradius R3 auf einer Fläche von 60 x 260 cm.

In der klassischen Weichen-Anordnung verbleibt auf dem Überholgleis gerade ein Meter Nutzlänge. Das Hauptgleis selbst erreicht gerade 70 cm für einen Kurzzug.

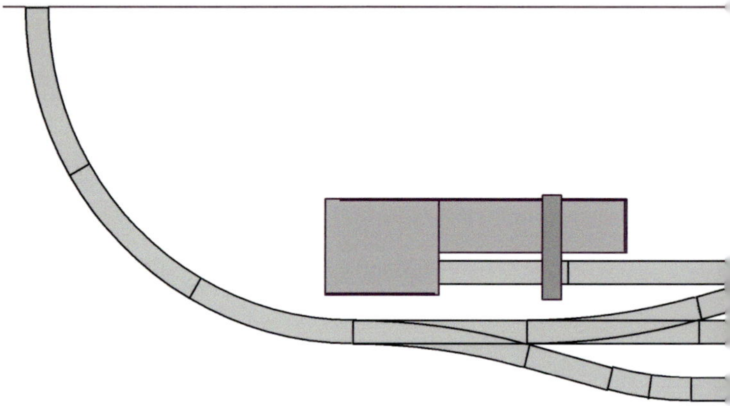

Velegt man die geraden Einfahrweichen etwas in den Gleisbogen, gewinnt man gut 20 cm zusätzliche Nutzlänge an allen Gleisen. Damit lassen sich bequem übliche Epoche-III-Nebenbahngarnituren aus drei bis vier Donnerbüchsen oder Umbau-Dreiachsern nebst Zuglok unterbringen.

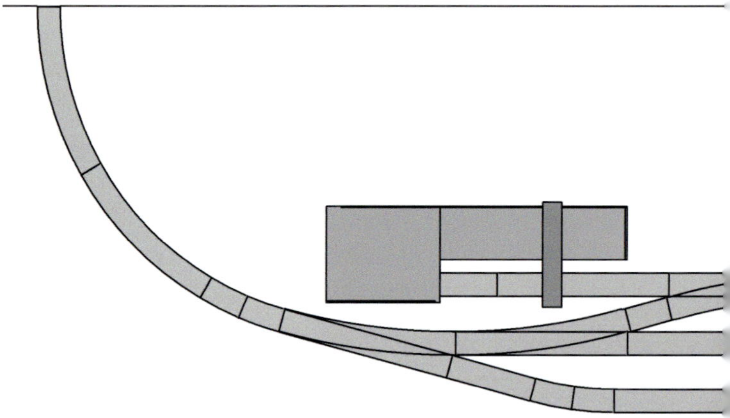

Noch mehr Platz gewinnt man bei der Verwendung der Bogenweichen R5/6. Sie lassen die Einfahrt sehr schlank erscheinen und gestatten zudem die platzsparende Anlage der bis zu Epoche IV üblichen Schutzgleise zur Vemeidung von Flankenfahrten. Zur Wahrung der Nutzlänge muss das Rampengleis aber großzügig in den Bogen verlegt werden.

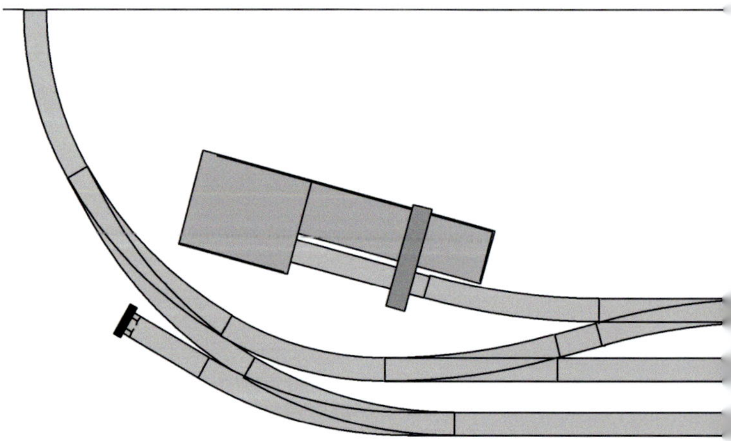

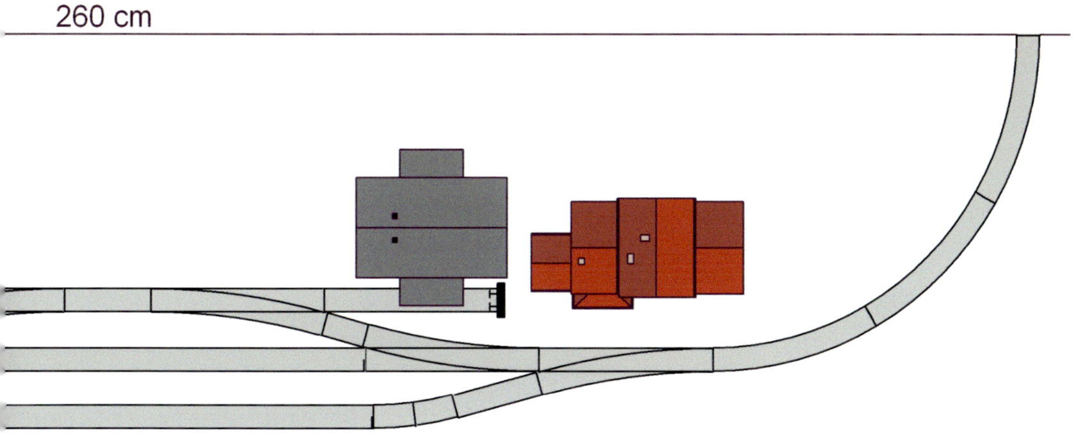
260 cm

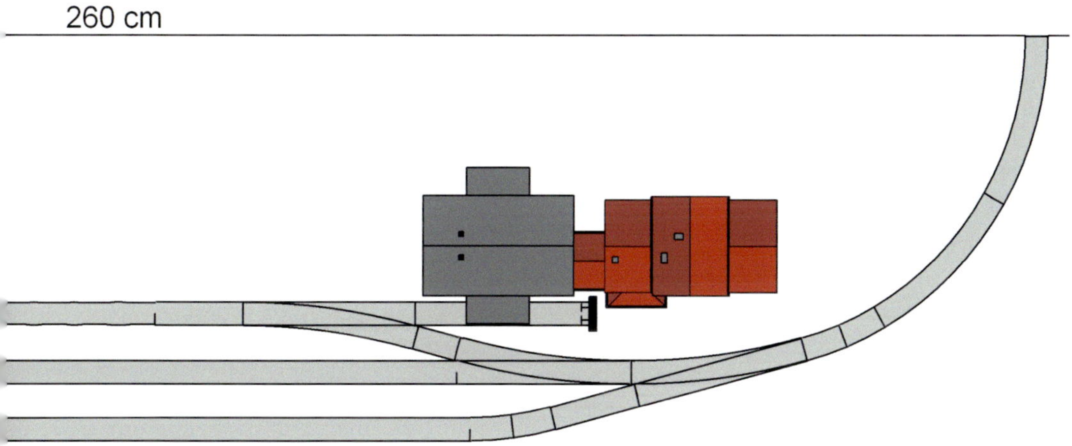
260 cm

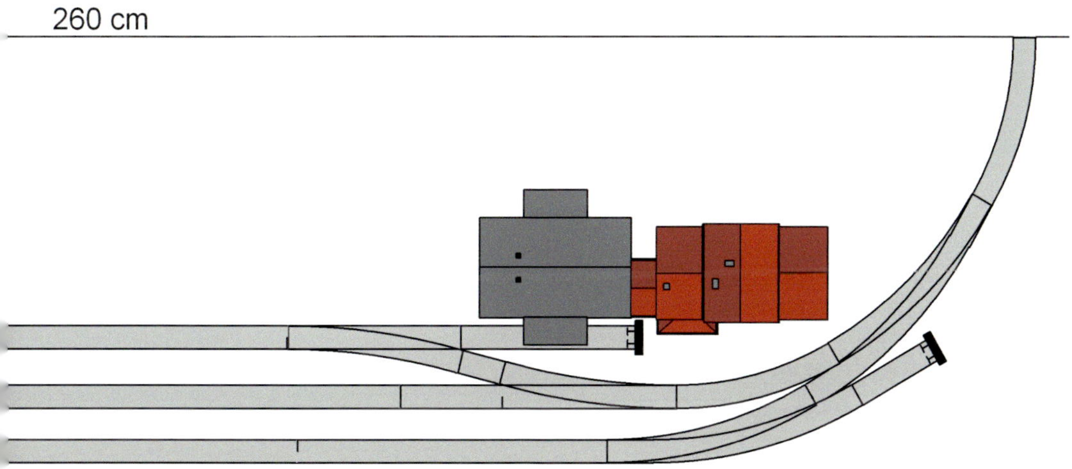
260 cm

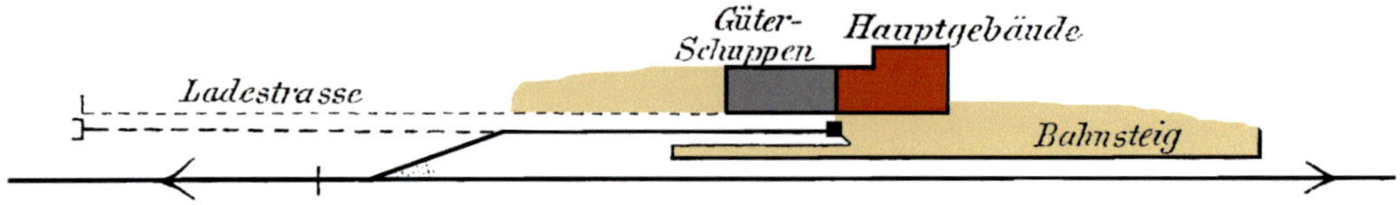

Ein einfacher kleiner Bahnhof an einer eingleisigen Strecke mit nur einer Weiche als Anschluss für den Güterschuppen. Die Erweiterung ist aber nicht unproblematisch.

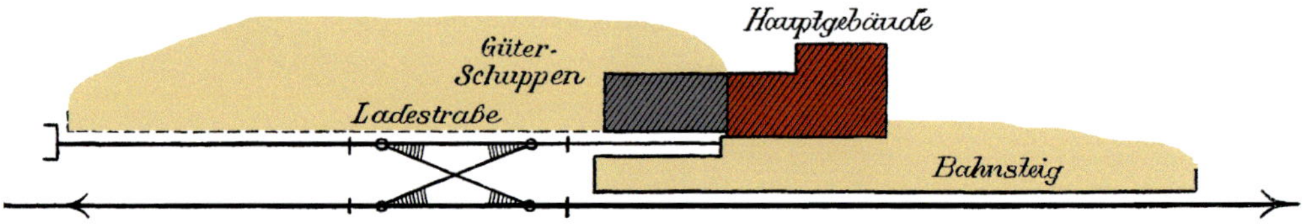

Die Anbindung der einem höheren Aufkommen angepassten Ladestraße mit einer doppelten Gleisverbindung war in den Epochen I und II üblich und bot eine hohe Flexibilität.

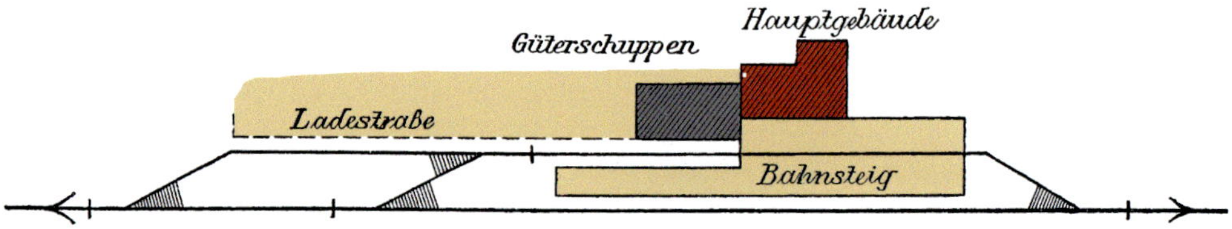

Mit derselben Weichenzahl und Flexibilität beim Rangieren kann man jedoch auch eine zusätzliche Kreuzungsmöglichkeit durch ein Nebengeis am Hausbahnsteig schaffen.

Der um eine Rampe und ein zusätzliches Aufstellgleis erweiterte Durchgangsbahnhof bietet in dieser Form für den Modellbahner bereits beachtliche Rangiermöglichkeiten. Das Nebengleis im Hausbahnsteig erlaubt weiterhin gelegentliche Kreuzungen. Natürlich kann der Gleisplan auch zur Anlage eines Kopfbahnhofes genutzt werden, dann lässt sich etwa gegenüber der Rampe am Streckenende noch ein Lokschuppen aufstellen.

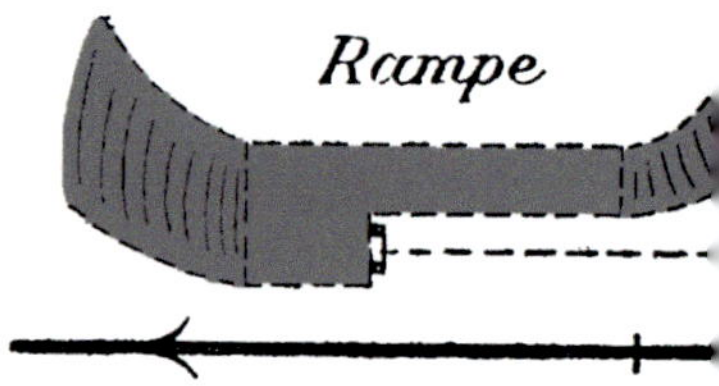

Durch die Erweiterung mit einem vollwertigen Kreuzungsgleis gegenüber dem Empfangsgebäude gestattet dieser Bahnhof einen vielfältigen Betrieb mit bis zu drei Zügen gleichzeitig. Reisezugkreuzungen finden dann an den beiden Bahnsteiggleisen statt, während kreuzende oder überholende Güterzüge das längere Außengleis nutzen.

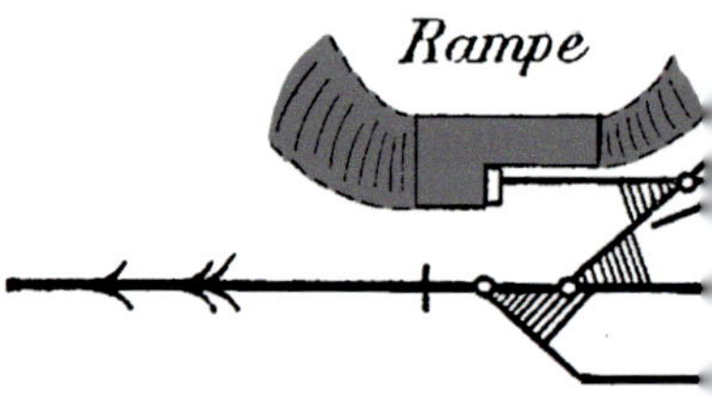

Gleisentwicklung

Beim Vorbild beachtete man bei der Entwicklung von Bahnhofsgleisplänen stets die nachstehenden Kriterien:

Platzbedarf – je weniger Raum ein Bahnhof in seiner Längen- und Breitenausdehnung erforderte, desto geringer fielen naturgemäß die Grunderwerbs- und damit Baukosten etwa für Planierarbeiten etc. aus.

Gleisanzahl – sie musste dem prognostizierten Aufkommen genügen. Neben dem oder den durchgehenden Hauptgleisen sah man nur so viele Überholungs-, Aufstell- und Gütergleise vor, wie unbedingt nötig waren. War wegen anstehender Projekte und Bemühungen der örtlichen Wirtschaft keine sichere Prognose möglich, sah man im Planentwurf entsprechende Kapazitäten vor, baute aber zunächst nicht alle vorgesehenen oder nur verkürzte (Lade-) Gleise und zugehörige Weichen ein.

Weichenverbindungen – allein wegen der Investitionskosten war man bestrebt, deren Zahl so gering wie nur möglich zu halten. Zudem plante man sämtliche Weichenverbindungen immer so, dass beim Rangieren nur minimale Fahrwege und diese zudem möglichst ohne Richtungswechsel zurückgelegt werden müssen. Die bei Modellbahnern durchaus beliebten Sägefahrten durch ein Gleisvorfeld beeinträchtigen den restlichen Bahnverkehr und kosten beim Vorbild teure Zeit und Energie in Form von Kohle und Diesel.

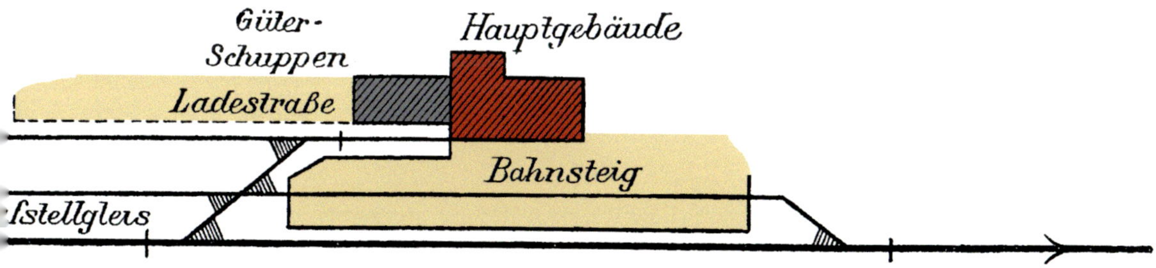

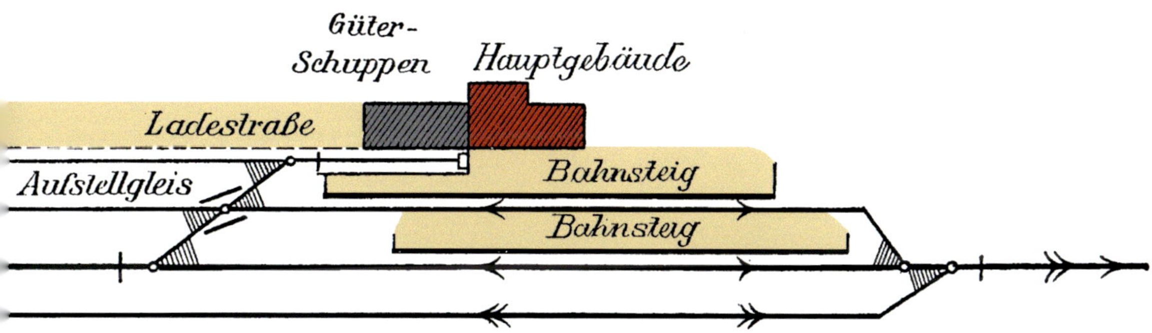

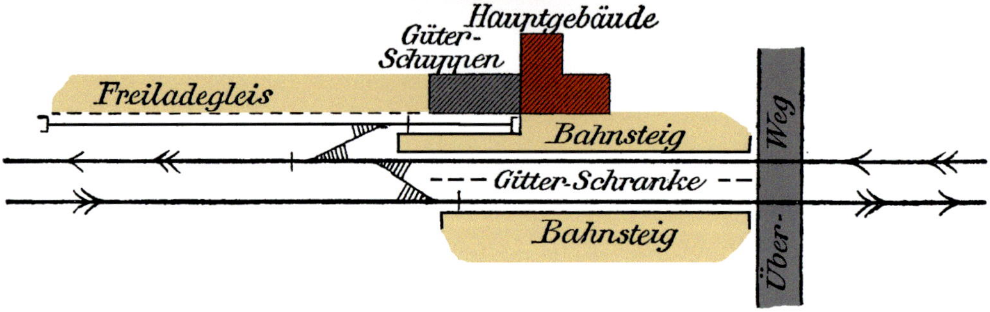

Eine kleine Station an einer zweigleisigen Strecke mit bescheidenen Güterverkehrsanlagen, die auf einen Vorrang der Zustellung zum Güterschuppen schließen lassen.

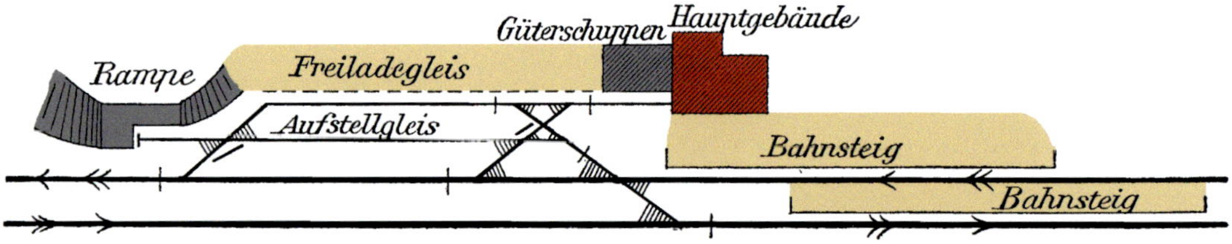

In dieser Form mit zusätzlicher Rampe entspricht der kleinere Bahnhof weitgehend den bis in Epoche III gültigen Standards für Stationen mit mäßigem Güteraufkommen.

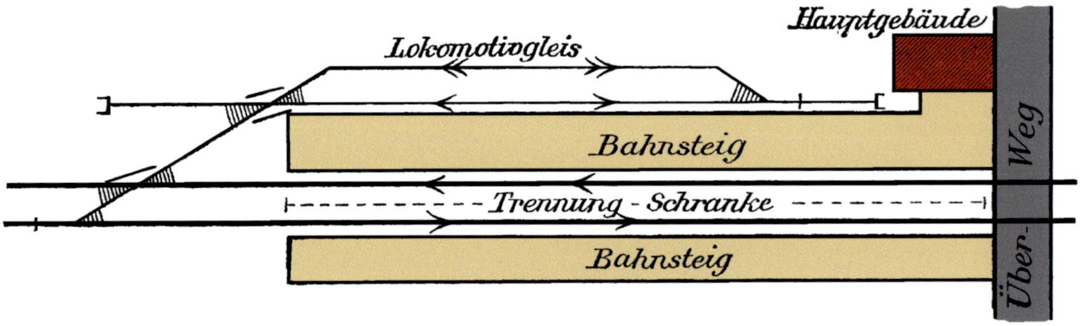

Beispiel für einen kleineren Bahnhof der Epochen I oder II, an dem Personenzüge etwa aus dem Vorort- und S-Bahnverkehr oder von einer Nebenstrecke enden.

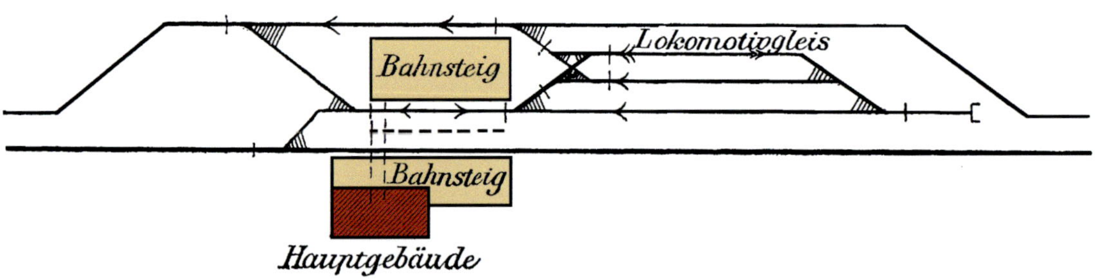

Ein heute nur noch vereinzelt zu findendes Beispiel für einen Durchgangsbahnhof mit hier endendem Zugverkehr und Richtungsbetrieb. Daher die Anordnung zwischen den Gleisen.

Auch deshalb finden sich an etlichen mittleren und allen großen Bahnhöfen mit einem entsprechenden Rangieraufwand Bypass- oder Parallelgleise, mit deren Hilfe gegenseitige Beeinträchtigungen vermieden werden.

Modellumsetzungen

Zur korrekten Umsetzung ins Modell sollen daher die verschiedenen beispielhaften Gleisentwicklungen an ein- und zweigleisigen Bahnhöfen dienen. Obwohl sämtlich für Durchgangsbahnhöfe geplant, lassen sich etliche der vorgestellten Gleispläne auch für die Anlage von Kopfbahnhöfen verwenden. Ebenso kann bei entsprechenden räumlichen Beschränkungen von der geraden Anlage des Bahnhofes zugunsten längerer Gleise bei S- oder bogenförmiger Entwicklung abgewichen werden. Welche positiven Auswirkungen dies haben kann, ist anhand der Musterbahnhöfe auf den Seiten 78/79 erkennbar. Die trotz einer Anlagenlänge von 2,60 m bescheidene Zuglänge von knapp einem Meter bei einfachen

Die vor allem im städtischen Umfeld stärker ausgeprägte Spezialisierung der Bahnhöfe auf eine bestimmte Verkehrsart führte beim Vorbild dazu, dass etliche Stationen auch an zweigleisigen Strecken nur rudimentäre Güterverkehrsanlagen nach dem auf Seite 82 oben gezeigten Schema aufweisen.

Die Anlage des Bahnsteiges zwischen den Gleisen erübrigt das in Epoche I, II und V übliche Aufstellen von Sicherheitszäunen zum Verhindern von Gleisüberschreitungen.

Die Gleisanordnung des Bahnhofes Heldrungen mit hintereinader angeordneten Personen- und Güterverkehrsanlagen beweist, dass dafür nicht immer räumliche Gründe ausschlaggebend sein müssen, denn man hätte dort bei der Anlage des Bahnhofes auch in die Breite gehen können.

Weichen ließe sich durch den Einsatz von schlanken Bogenweichen um gut 50 Prozent steigern. Die alternative Reduzierung der Gleisradien sollte dagegen nicht in Erwägung gezogen werden, da sie einerseits den Fahrzeugeinsatz einschränkt (Mindestradien bei vielen Schlepptender-Dampfloks) und andererseits Züge mit längeren Wagen noch stärker geknickt aussehen lässt als ohnehin nötig.

Besser wäre dann vielmehr die komplette Anlage des gesamten Bahnhofes im Bogen. Als Beispiel für einen solchen Vorgehen beim Vorbild möge Bad Bibra an der Finnebahn von Laucha an der Unstrut nach Lossa dienen, wie er im Wesentlichen von der Eröffnung 1914 bis zur Verkehrseinstellung 1992 in Betrieb war.

Gleisschema für einen kleinen Abzweigbahnhof an zweigleisiger Strecke.

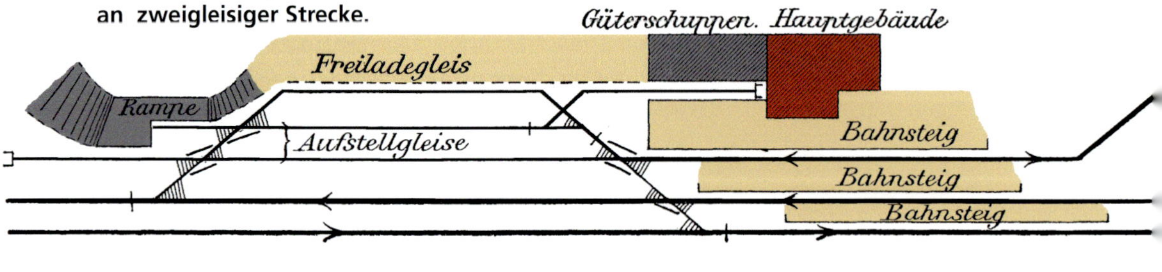

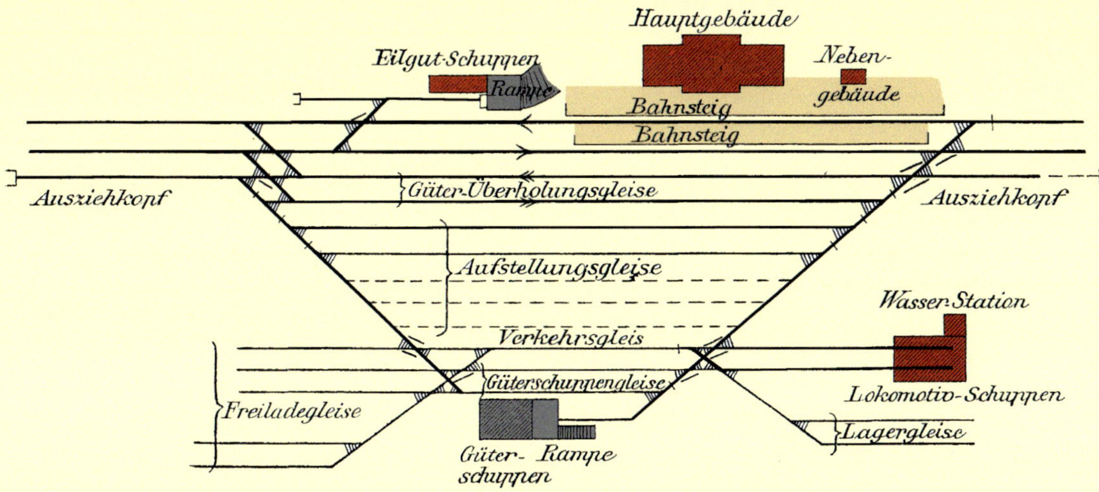

Ein allgemeingültiges Anlageschema für einen mittelgroßen Durchgangsbahnhof an zweigleisiger Strecke zeigt nebenstehende Abbildung. Zur schnellen Erreichbarkeit befindet sich der Schuppen für Eil- und Expressgut in unmittelbarer Nachbarschaft zum Empfangsgebäude an den durchgehenden Hauptgleisen. Die Anzahl der Aufstellgleise richtet sich nach dem Aufkommen in diesem Bahnhof beginnender und endender Güterzüge und steht damit im Zusammenhang mit der Größe der Freiladegleise beziehungsweise entsprechender Anschlüsse zu bahnhofsnahen Fabriken etc.
Der zweiständige Lokschuppen dient in erster Linie der Unterstellung und Wartung der auf dem Bahnhof beschäftigten Rangierloks und kann auch eingleisig sein oder ganz entfallen. Damit beim Rangieren der normale Verkehr nicht behindert wird, ist am linken Bahnhofskopf ein Bypass als Zufahrt zum zugehörigen Ausziehgleis angelegt.
Überträgt man den Bahnhofsplan auf die Epochen III und folgende, sollte allerdings der Zwischenbahnsteig durch einen Inselbahnsteig mit Zugang durch einen Tunnel oder eine Fußgängerbrücke ersetzt werden.
Bei der Anlage von Bahnhofsausfahrten ist vor allem bei regem Ortsgüterverkehr darauf zu achten, dass sich Rangier- und Zugfahrten nicht zu häufig stören.
Möglich wird dies durch separate Fahrwege, unten durch unterschiedliche Grautöne am Beispiel Haldensleben dargestellt. Wie ersichtlich, entstehen diese durch einen Bypass an den Ausfahrweichen der Überholungs- beziehungsweise Kreuzungsgleise.

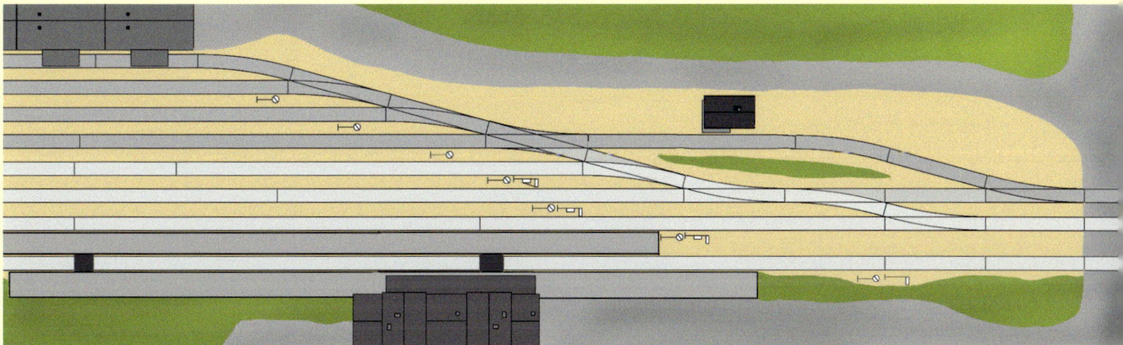

Bei seiner Anlage in Epoche I benötigte der Spitzkehrenbahnhof Rennsteig keine Weichen zum Umsetzen, da beim damaligen Zahnradbetrieb die Lok stets talseitig am Zug verblieb und diesen in den Bahnhof schob beziehungsweise herauszog. In gleicher Weise wäre er aber auch in Epoche V denkbar, nur dass dann die doppelte Kreuzungsweiche zu Gunsten von zwei einfachen Weichen entfiele.

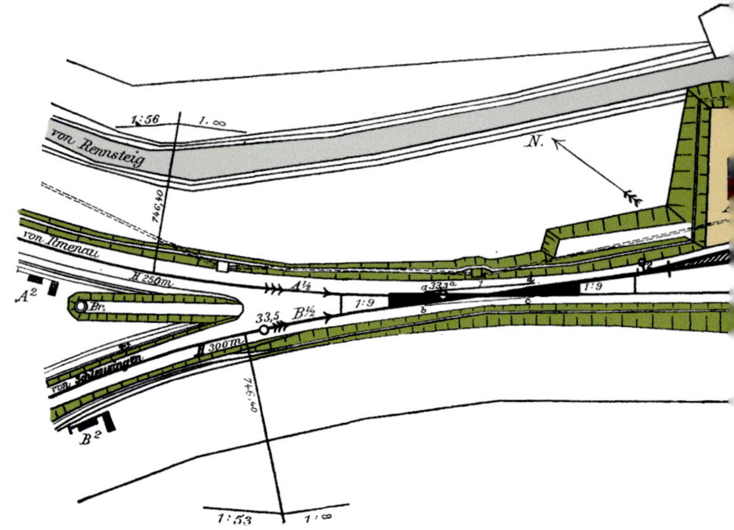

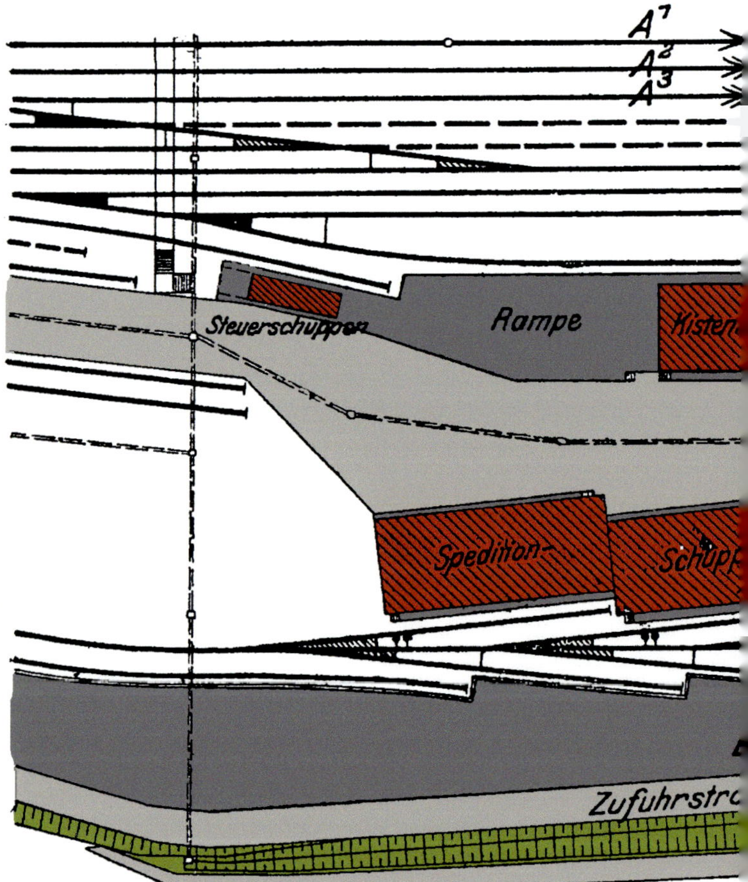

Bemerkenswert ist die Anlage der Sonneberger Speditionsschuppen mit den fischgrätenartigen Ladegleisen mit Schuppen und Rampen, möglich durch zahlreiche Dreiwegweichen, einer typischen Zutat der Epoche I. Der Platzbedarf einer entsprechenden Modellnachbildung ist aber nicht zu unterschätzen.

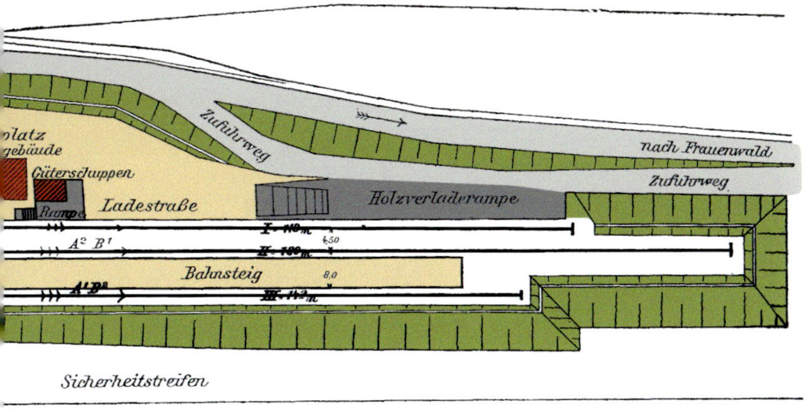
Zufuhrweg
nach Frauenwald
Zufuhrweg
Güterschuppen
Rampe
Ladestraße
Holzverladerampe
Bahnsteig
Sicherheitstreifen

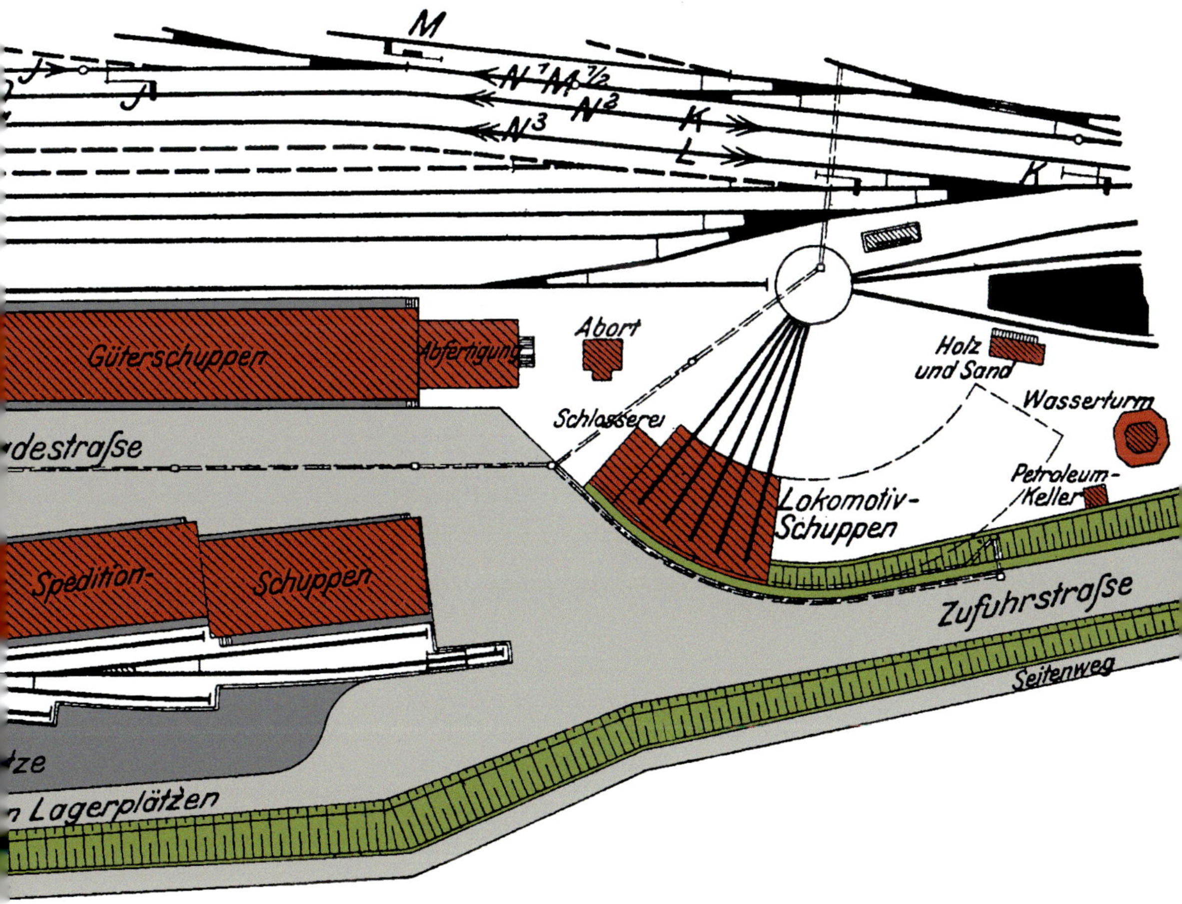
M
Güterschuppen
Abfertigung
Abort
Holz
und Sand
Wasserturm
Schlosserei
Lokomotiv-
Schuppen
Petroleum-
Keller
Spedition-
Schuppen
Zufuhrstraße
Seitenweg

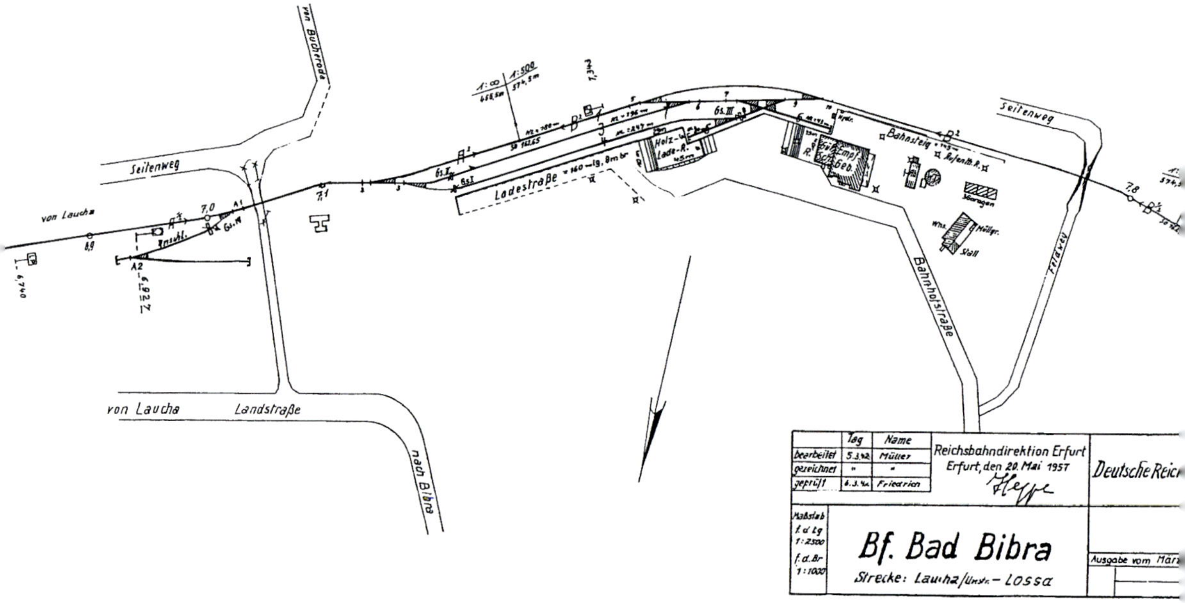

Eckdaten zum Bahnhof Bad Bibra (Auswahl)

Objekt	Länge	H0 (1:87)	TT (1:120)	N (1:160)
Bahnsteig	145 m	166 cm	120cm	90 cm
Rampengleis am Güterschuppen	43 m	55 cm	36 cm	27 cm
Länge der Güterschuppenrampe	13 m	15 cm	11 cm	8 cm
Breite der Güterschuppenrampe	10 m	11 cm	8 cm	6 cm
Länge der Holzrampe	45 m	52 cm	38 cm	28 cm
Breite der Holzrampe	10 m	11 cm	8 cm	6 cm
Länge der Ladestraße	160 m	184 cm	133 cm	100 cm
Breite der Ladestraße	8 m	9 cm	7 cm	5 cm
Nutzlönge des Ladegleises	249 m	286 cm	207 cm	155 cm
Nutzlänge des Aufstellgleises	195 m	225 cm	162 cm	122 cm

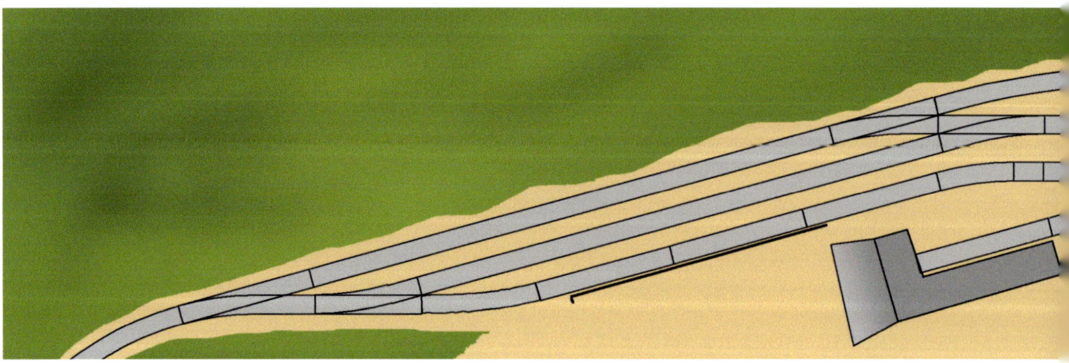

■ Modellfall Bad Bibra

Eine interessante Vorlage zur Nachgestaltung eines Bahnhofes in einem leichten Bogen liefert Bad Bibra. Personenzüge rollten dort bis 1967, Güterzüge bis 1991. Hauptumschlaggut war Holz aus den umgebenden Wäldern, wie nicht zuletzt die separate Holzrampe am Freiladegleis beweist.

Mit seinen Grundabmessungen passt der Bahnhof recht gut auf viele Modellbahnanlagen. Natürlich lässt er sich wohl nur von wenigen Modellbahnern exakt umsetzen, allerdings ist das auch nicht unbedingt nötig. Bereits auf einer Länge von gut drei (H0) beziehungsweise zwei Metern (TT) erreicht man einen vorbildgetreuen Eindruck. Den betrieblich interessanten Mittelpunkt der Station bildet die Weichenverbindung mit Kreuzung zu den beiden Rampen des Bahnhofes. Unter Berücksichtigung des Aufstell- und Umfahrgleises ergeben sich dadurch vielfältige Rangiermanöver.

Für die Modelladaption passende H0-Empfangsgebäude mit Güterschuppenanbau wären beispielsweise Goyatz von Auhagen oder Fürth im Wald vom Kleinserienhersteller MBZ-Modellbahnzubehör. Optional kann man aber auch auf Auhagens Preußenschiene mit dem Bahnhof Krakow setzen. TT-Bahner können Auhagens neuen Bahnhof Wittenburg nutzen, er ist für einen Kurort angemessen. Die Rampen fertigt man in beiden Fällen entweder passend aus Styrodur und Mauerwerksplatten oder nutzt ebenfalls Bausätze. Zur Umfeldgetaltung eignen sich Siedlungshäuser der 1930er-Jahre.

Original-Lageplan des Bahnhofs Bad Bibra im Zustand von 1989. Gut erkennbar ist neben den Gleisanlagen auch das Bahnhofsumfeld mitsamz Bebauung sowie einem kleinen Anschluss an der Bahnhofseinfahrt.

■ Modellfall Kraftwerk

Eine andere, bereits angesprochene Option der Bahnhofsgestaltung bei wenig Raum ist der im Folgenden skizzierte Werksbahnhof an einer zweigleisigen Hauptbahn. Er erlaubt die Kombination langer Züge mit dem Vergnügen ausgiebiger Rangierfahrten mit Kurzzügen. Ein Schattenbahnhof als Zugspeicher sorgt für Abwechslung und lässt sich relativ leicht hinter der Anlagenkulisse oder eine Etage tiefer anlegen.

Modellgleisplan von Bad Bibra auf der Basis des Tillig-H0-Elitegleises mit einfachen 15°-Weichen. Zur Abschätzung der Längenausdehnung können die benutzten Flexgleise mit rund 90 cm Länge dienen.

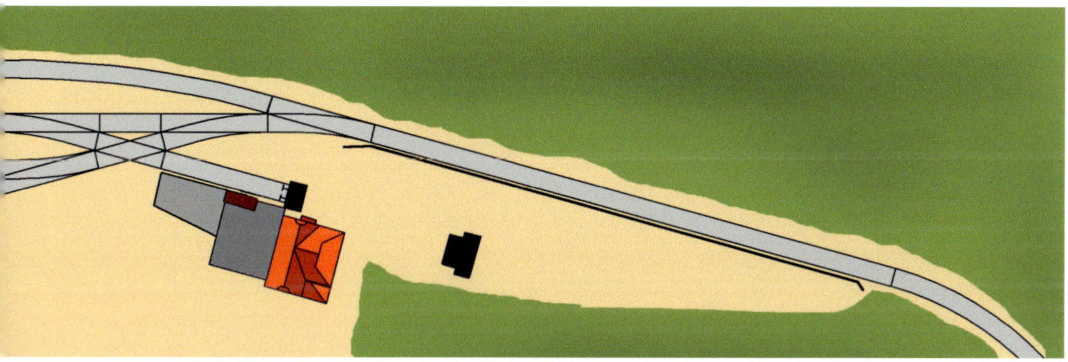

Bemerkenswert an dieser Anlage ist einerseits die vorbildgerechte Weichenverbindung der Ladegleise sowie die Nachbildung der Schwellenstapel eines demontierten Nebengleises.

Lange Züge auf wenig Raum bietet das Konzept dieser Werksanlage. Für Abwechslung im Fahrbetrieb sorgen die Rangiermanöver auf den Anschlussgleisen des Kraftwerkes sowie die heute möglichen Spielvergnügen (digital) gesteuerter Kräne.

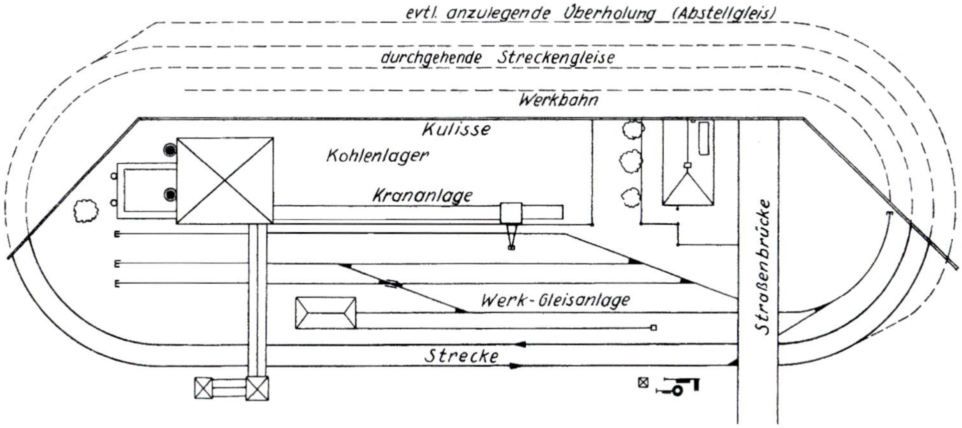

Die Gleisplanskizze zur oben dargestellten Industrieanlage. Sie erlaubt dank langer Gleise hinter der Kulisse das Abstellen langer Züge auf einer vergleichsweise kleinen Anlagenfläche.

■ Beliebte Fehlplanungen

Ein auf etlichen Anlagen zu findender Fehler in der Bahnhofsplanung ist der, dass die Längenverhältnisse von Auszieh- und Ladegleisen nicht aufeinander abgestimmt werden, wie auf der Folgeseite ersichtlich. So können etwa zur Bereitstellung nur zwei Wagen bewegt werden, die Ladestraße fasst aber sechs. Beim Vorbild hätte man bei solchem Aufkommen dort das Ausziehgleis zur Einsparung von Rangierfahrten verlängert. Geht das im Modell nicht, sollte gegebenenfalls der Standort des Güterschuppens verändert werden.

Die Anlage eines kleinen Durchgangsbahnhofes in der gezeigten Form entspricht vom Gleisbild der Epoche I. Problematisch ist in der Praxis der Umstand, dass zum Zustellen von Waggons auf das Freiladegleis das Güterschuppengleis geräumt werden muss. Bei geänderter Gebäudeanordnung lässt sich dies auch nicht lösen. Besser ist deshalb die darunter abgebildete Lösung mit zweiseitiger Gleisanbindung.

Ein weiterer, gern gemachter Fehler ist die Doppelnutzung eines Lokschuppengleises als Ausziehgleis, gesteigert durch die Notwendigkeit, den Schuppen dazu auch voll zu befahren. Allein aus Gründen der Sicherheit hätte man dies nur in äußersten Ausnahmesituationen realisiert – im Falle verminderter Bremsleistung wären teure Beschädigungen an Bausubstanz und Maschinen die Folge. Abhilfe lässt sich durch spiegelverkehrte Anordnung der Weichen oder Platzierung des Lokschuppens an anderer Stelle schaffen.

Einen mustergültigen Durchgangsbahnhof mit Zwischenbahnsteig und Flankenfahrt-Schutzweichen zeigt die Anlagenskizze rechts. Nebenbahntypisch sollte der Bahnsteigzugang ebenerdig und schrankengesichert erfolgen.

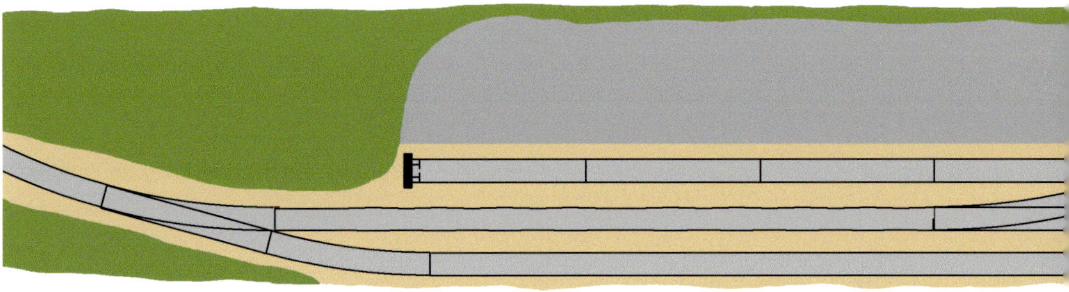

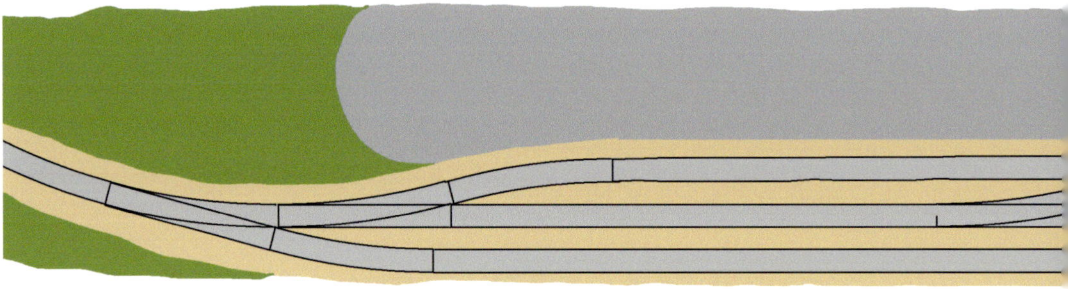

Die Nutzung des Lokschuppengleises als Ausziehgleis und Zugang zur Ladestraße wie hier dargestellt ist in keinster Weise vorbildgetreu und sollte so nicht umgesetzt werden.

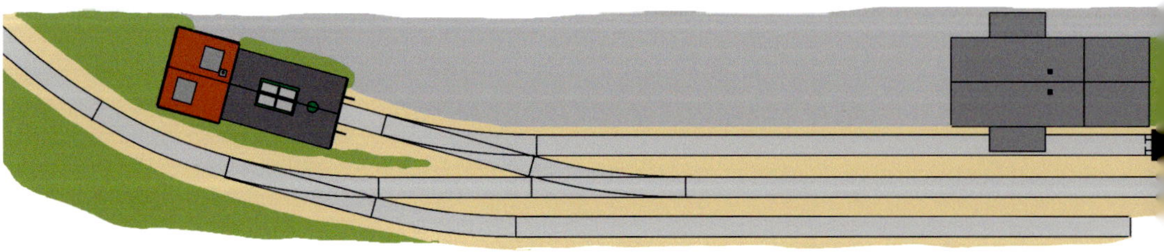

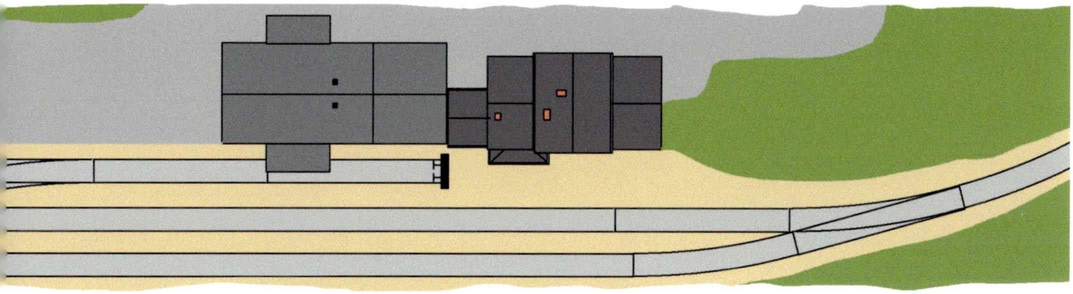

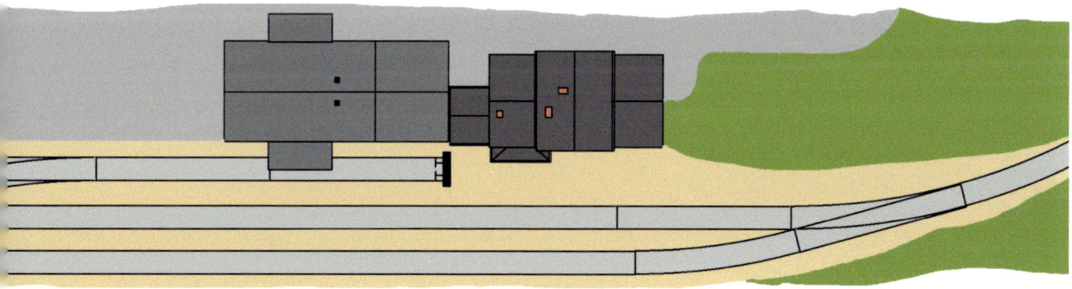

Wesentlich besser ist diese Lösung: Der Lokschuppen besitzt ein separates Zufahrgleis und das Ausziehgleis für den Güterschuppen ist lang genug.

6 Signalisierung

Sobald auf einer Strecke mehr als ein Zug unterwegs ist, werden zur Vermeidung von Zusammenstößen oder ähnlichen Vorkommnissen Sicherungs- und Kommunikationsmaßnahmen erforderlich. Diese betreffen die Absprachen zwischen den einzelnen Bahnhöfen als natürlichen Haltestellen der Züge wie auch die Mitteilungen an das Lokpersonal. Letzterem Zweck dient eine Vielzahl von Eisenbahnsignalen. Deren Art und Anwendung lässt zudem Rückschlüsse auf die Kategorie einer Strecke zu, denn Hauptbahnen besitzen eine andere Signalausstattung als etwa Neben- oder Anschlussbahnen.

Die ersten bei den deutschen Eisenbahnen verwendeten Signale unterschieden nur zwischen Fahrt und Halt, später zusätzlich Langsamfahrt. Diese Signalbegriffe sind vielen Modellbahnern von den klassischen Formsignalen her bekannt. Diese wurden beim Vorbild zunächst direkt vor Ort von Hand bedient, erst Mitte des 19. Jahrhunderts kamen mit Drahtzügen bediente Signale auf. Pionierarbeit leistete dabei die Sächsisch-Bayrische Eisenbahn mit ihrer Stammstrecke von Leipzig nach Hof. Einige Länderbahnen führten gegen Ende des 19. Jahrhunderts einen zusätzlichen dritten Signalflügel ein, der zudem über die Richtung der Einfahrt in Nebengleise Auskunft gab (siehe dazu Grafik auf Seite 106 oben). Da sich dies in der Praxis vor allem auf den größeren Bahnhöfen eher als verwirrend herausstellte, strich man diese Regelungen mit dem DR-Signalbuch von 1935 endgültig. Die letzten dreiflügligen Formsignale verschwanden aber erst im Zuge von Umbauarbeiten nach 1945 von den deutschen Gleisen.

Die heute bekannten Formvorsignale gab es übrigens erst ab 1873. Allerdings besaßen zahlreiche der damaligen Länderbahnausführungen abweichend von der heutigen Form geschlitzte Signalscheiben und teils abweichende Klappmechanismen. Daher rührt beispielsweise auch die Bezeichnung Schmetterling für bayrische Formvorsignale.

Mit heutigen Lichtsignalen und deren Kombination aus Signalleuchten und Geschwindigkeitsanzeigern sind dem Lokführer weitaus mehr Informationen übermittelbar, als mit den Formsignalen und deren maximal drei Begriffen. Die wichtigste Errungenschaft neuester Systeme wie den DBAG-Ks-Signalen ist die Möglichkeit der Anzeige verschiedener

Selbst in der Epoche V kann zur Freude zahlreicher Bahnfans noch nicht überall auf Formsignale verzichtet werden.

Ein gutes Beispiel für Einfahrsignalisierungen auf Nebenbahnen mit verkürzten Signalabständen bietet der Abzweigbahnhof Querfurt. Neben den ein- und zweiflügligen Ausfahrsignalen für die beiden Richtungen Röblingen am See (links) und Merseburg (rechts) sind auch die jeweiligen Einfahrsignale sowie die davor stehenden Rangierhalttafeln erkennbar.

Höchstgeschwindigkeiten. So können zum Beispiel auf vielen Strecken Güterzüge zur Vermeidung von Halten gezielt verlangsamt werden, wenn sie etwa hinter Regionalbahnen mit etlichen Zwischenhalten hinterherfahren. Das energieaufwändige und bremssohlenverschleißende Halten und Wiederanfahren der Züge kann so beim Vorbild im täglichen Betrieb auf ein absolutes Minimum reduziert werden.

Allgemein werden je nach Einsatz Strecken- und Bahnhofssowie Nebensignale unterschieden. Zu Letzteren zählen vor allem die zahlreichen Hinweistafeln am Schienenstrang, welche entweder auf Nebenstrecken Signale ersetzen, Haltepunkte und Geschwindigkeitsanpassungen ankündigen oder auch Rangierbereiche in Bahnhöfen begrenzen.

Sicherung von Bahnhofsgleisen

Die Grundabsicherung eines Bahnhofes gegen die Strecke übernehmen die Einfahrsignale, die damit auch die Grenzen des Bahnhofsbereiches festlegen. Stehen sie auf Halt, sind

Die Ausfahrsignalisierung des Bahnhofes Blechhammer an der eingleisigen Strecke Lauscha – Sonneberg weist eine ungewöhnliche Lösung mit zwei einflügligen Signalen auf. Möglich ist dies, weil die Weichen in allen Richtungen mit der zulässigen Streckenhöchstgeschwindigkeit befahrbar sind.

Einfahrten in den Bahnhof verboten. Notwendig ist dies unter Umständen bei Rangierfahrten im Bahnhof sowie bei voll besetzten Haupt- und Kreuzungsgleisen. Die Grundbegriffe von Einfahrsignalen sind Halt, Langsamfahrt (unter Umständen in Abstufungen) sowie Fahrt mit Höchstgeschwindigkeit. Diese ist in den entsprechenden Streckenplänen hinterlegt. Für den Fall von Störungen besitzen die meisten Einfahrsignale zudem ein Ersatzsignal in Form einer separaten Leuchte.

Will ein Zug den Bahnhof verlassen, muss er in der Regel ein entsprechendes Ausfahrsignal passieren. Bei Formsignalen ist dies von der Bauform mit Einfahrsignalen identisch. Ab-

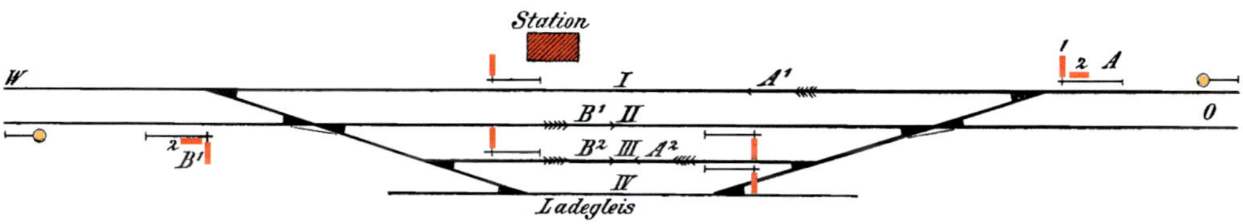

Das Einfahrvorsignal des Kreuzungsbahnhofes Witterschlick an der Strecke Euskirchen – Bonn ist dreibegriffig und kann deshalb wie hier auch den Zwischenbegriff >>Langsamfahrt erwarten<< anzeigen.
Gut erkennbar ist die Zuführung der Stelldrähte für den mechanischen Signalantrieb.

hängig von der durch den anschließenden Weichenbereich möglichen fahrbaren Höchstgeschwindigkeit besitzt es ein oder zwei Flügel, die entweder einzeln oder gekoppelt gestellt werden. Letzteres ist immer dann der Fall, wenn im Fahrweg Weichen nicht gerade, sondern auf dem abzweigenden Strang befahren werden. Das ist auf den meisten Kreuzungs- und Überholungsgleisen immer der Fall. Ausnahmen finden sich lediglich an Nebenstrecken, wenn die konstruktive Höchstgeschwindigkeit der Weichenbauform identisch mit der der Strecke ist. Dann können die Ausfahrsignale sämtlich einflüglig ausfallen. Anzutreffen war dies etwa im Bahnhof Blechhammer an der Strecke Sonneberg – Lauscha.

Eine fast ausschließlich im Personenbahnhof anzutreffende Signalform sind die H-Tafeln. Sie legen den Standort fest, bis zu dem die Zuglok bei einem Halt vorfahren muss. Von Bedeutung war das vor allem bei einseitigen Bahnsteigen mit ebenerdigem Zugang zum Freihalten der Überwege für die Reisenden sowie zur Wahrung der Profilfreiheit, indem die

Züge in Kreuzungsgleisen definitiv so weit einfahren, dass keine Wagen im Weichenbereich der Bahnhofseinfahrt verbleiben und so den Gegenzug gefährden können.

Zur Rationalisierung führte schon die DRG auf Neben- und Schmalspurbahnen den Vorsignalersatz durch die Kreuztafel ein, den die DDR-Reichsbahn übernahm. Diese steht zudem in einem verkürzten Abstand zum Hauptsignal; hier an der Bahnhofseinfahrt Moritzburg sind es 200 m.

Signale für Rangierfahrten

Zur Regelung der Rangierfahrten und beim Einsatz mehrerer Loks zur Absicherung derselben gegeneinander besitzen bereits mittlerer Bahnhöfe separate Signale. Dies sind so genannte Gleissperrsignale als Form- oder Lichtsignal sowie alternativ W-Tafeln. Beide können in hoher oder niedriger Bauform sowie kombiniert aufgestellt werden, je nach den örtlichen anzutreffenden Platz- und Sichtverhältnissen. Sie stehen in den Neben- und Aufstellgleisen allein, an den Haupt- und Kreuzungsgleisen dagegen unmittelbar vor dem zugehörigen Hauptsignal. Zur Freigabe einer Rangierfahrt wird dann nur das Rangiersignal bedient, das Hauptsignal zeigt weiterhin >>Halt<<. Bei Zugfahrten dagegen müssen Haupt- und Rangiersignal einen Fahrtbegriff anzeigen.

Im Güterbahnhof Köln-Eifeltor regeln bis heute Gleissperr-Formsignale die Rangierfahrten. Den Fahrauftrag für die Züge in Richtung Bonn (rechts) erteilen die Gleissperrsignale zusammen mit dem Gruppenausfahrsignal im Hintergrund.

Beim Einsatz von Lichtsignalen sind im Ausfahrsignal Normal- und Rangiersignal vereint, oft sogar einschließlich des Vorsignals des folgenden Streckenabschnittes. Bei Halt zeigendem Ausfahrsignal sind die Rangier- und Vorsignale dann jedoch abgeschaltet. Die Freigabe einer Rangierfahrt erfolgt durch zwei schräg nach oben ansteigende weiße Lichter.

Auch bei den Rangiersignalen gilt, dass die Ausstattung auf Nebenbahnen und in kleinen Bahnhöfen deutlich sparsamer als bei Hauptstrecken und größeren Bahnhöfen ist.

Signale an Haupt- und Nebenbahnen

Objekt	Hauptbahn	Nebenbahn	Anschlussbahn
Einfahrsignal	immer	meistens	nur auf freier Strecke
Einfahrvorsignal	immer	meistens	nur auf freier Strecke
Ausfahrsignal	immer	entfällt häufig	nur auf freier Strecke
Ausfahrvorsignal	immer	selten	in Sonderfällen
Rangiersignale	immer	selten	sehr häufig

Muss bei Rangierfahrten auch das Hauptgleis genutzt werden, erfolgt mit der Rangierhalttafel, einer weißen, halbkreisförmigen Scheibe mit schwarzem Rand, eine Abgrenzung des Rangierbereiches gegen das Einfahrsignal.

Hauptsignale auf Nebenbahnen

Auf Nebenbahnen kann es zur Reduzierung der Betriebskosten und Personaleinsparung vorkommen, dass Einfahrsignale komplett durch Trapeztafeln ersetzt werden. Dann legt die jeweilige Bahnhofsfahrordnung fest, welcher Zug zuerst einfahren darf und welcher das Hereinrufen durch den Gegenzug abzuwarten hat. Ebenso in die Kategorie Rationalisierung fällt der Ersatz der Vorsignale auf Neben- und Schmalspurbahnen durch Kreuztafeln bei der Reichsbahn (DRG und DR) oder Vorsignaltafeln bei Bundesbahn und DB AG.

Auf vielen Nebenstrecken mit geringem Verkehr kann beim Vorbild komplett auf Ausfahrsignale verzichtet werden. An ihre Stelle treten dann H-Tafeln, an denen die Züge halten

Im Lausitzer Bahnhof Herrnhut waren bis Anfang der 1990er-Jahre neben den Aufstell- auch die Ladegleise (links) komplett mit Rangiersignalen in Form von beleuchteten W-Tafeln ausgestattet. Den Fahrauftrag erhält der Lokführer durch Aufleuchten der beiden weißen Lampen (Signal Ra12).

In Neckarzimmern verraten nur die beiden Lampen für das Rangiersignal SH1, dass es sich an dieser Stelle um die Ausfahr- und nicht um Blocksignale handelt. Beide besitzen zudem Ersatzsignale unterhalb und Gleiswechselanzeiger oberhalb des Signalschirms.

müssen. Den Abfahrauftrag erteilt der Fahrdienstleiter dann vor Ort oder bei automatisiertem Betrieb fernmündlich. Im H0-Modell lässt sich dies sehr gut mit dem beweglichen Fahrdienstleiter von Viessmann nachstellen. Dieser besitzt zudem wie die Signale auch eine Zugbeeinflussung.

In den ab Epoche IV üblichen modernen, unbesetzten Bahnhöfen und Haltepunkten ohne Signale regelt der Zugleiter des jeweiligen Streckenabschnittes fernmündlich den Fahrbetrieb. Die Zugpersonale melden sich dann jeweils über Signalfernsprecher oder den Zugfunk.

Wichtige Signalabstände

Objekt	Länge	H0 (1:87)	TT (1:120)	N (1:160)
Signalabstand zum Weichenende (Regel)	200 m	2,30 m	1,67 m	1,25 m
Vorsignalabstand (Regel)	1000 m	11,49 m	8,33 m	6,25 m
Vorsignalabstand (Nebenbahn)	400 m	4,60 m	3,34 m	2,50 m
Durchrutschweg	200 m	2,30 m	1,67 m	1,25 m

Was kann, was sollte sein?

Betrachtet man etliche Modellbahn-Heimanlagen einmal genauer, fallen diese entweder durch keine oder aber sehr reichliche und dabei fehlerbehaftete Signalausstattung auf. Ersteres ist oft auf die nötigen Investitionskosten, das Zweite auf fehlende oder geringe Kenntnis zurückzuführen. Ein weiteres Argument ist die Signalsteuerung, wobei die meisten Modell-Signale zwei Bedienoptionen besitzen: Entweder als reines optisches Element am Fahrweg, oder – in der Ausbaustufe – als real funktionierendes Signal mit Zugbeeinflussung.

Wie schon aus nebenstehendem Kasten ersichtlich, müssen auch bei der Aufstellung von Signalen Kompromisse eingegangen werden. Dies kommt jedoch auch beim Vorbild häufiger vor als von Manchem gedacht. So würde gerade bei kleineren Bahnhöfen eine korrekte Signalaufstellung unter Berücksichtigung des Durchrutschweges die nutzbare Gleislänge erheblich einschränken. Die praktische Lösung: Das Signal rückt dichter an die Weiche oder den Gefahrenpunkt,

Interessant ist die auf der linken Abbildung am linken Signal zu erkennende Kombination eines Kompakt-Vorsignals am selben Mast eines Ausfahrsignals der Bauform 1969. Das Signal am Bahnsteig erlaubt die Vorbeifahrt mit Ersatzsignal, weshalb das zugehörige Vorsignal auch nicht dunkel ist.

Die Kombination von Licht- und Formsignalen ist bei der DR problemlos möglich. Wegen der Oberleitung sind die Signalflügel verkürzt.

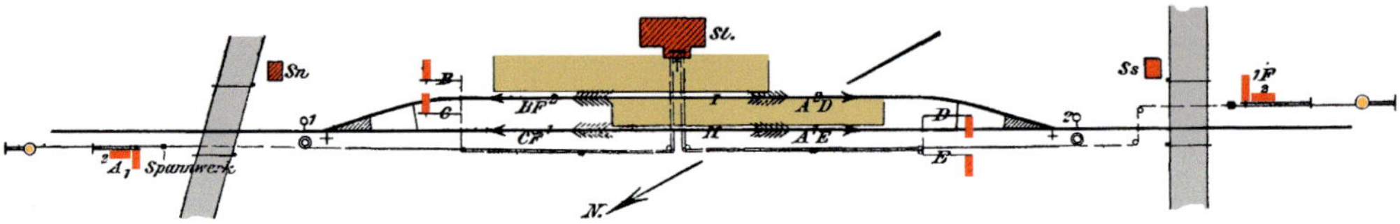

Signalplan eines kleinen Kreuzungsbahnhofes einer Hauptstrecke. Die Einfahrsignale sind zweiflügig zur Unterscheidung der Einfahrten ins durchgehende Haupt- oder Nebengleis.

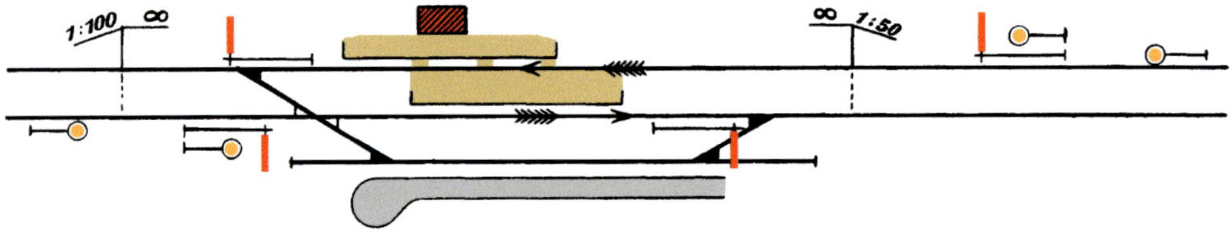

Beispiel der Signalisierung eines Bahnhofes mit starker Steigung in der Einfahrt. Der Bereich des Einfahrblockes umfasst deshalb den kompletten Richtungsbahnsteig.

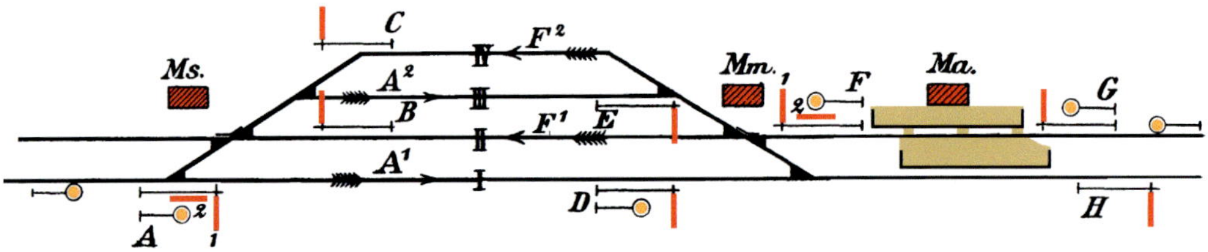

Der Epoche-I-gerechte Bahnsteigzugang dieses Bahnhofes an zweigleisiger Strecke macht richtungsbedingt ein Zwischensignal zur Reisendensicherung notwendig.

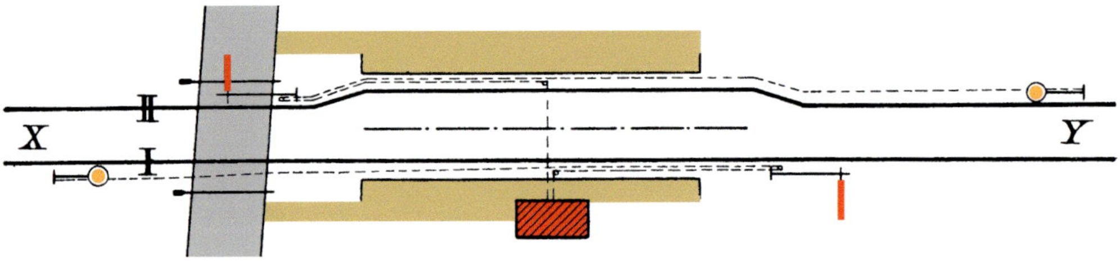

Werden beide Bahnsteige außerhalb der Gleise angeordnet und durch einen Überweg verbunden, vereinfacht sich die Signalisierung deutlich. Wichtig in Epoche I ist das Trenngitter.

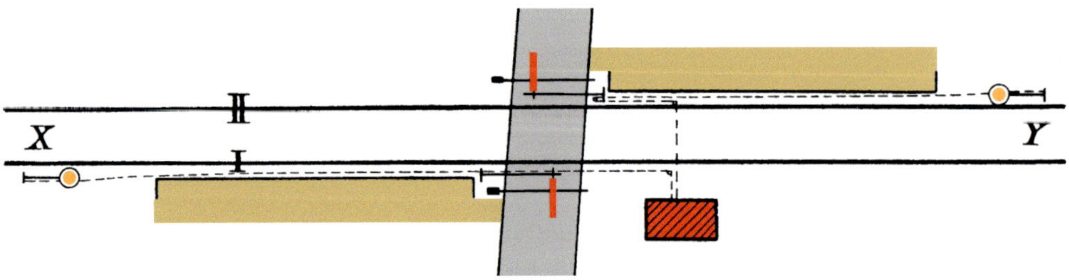

Die verschobenen Bahnsteige erübrigen ein Trenngitter und damit Gleisaufweitungen. Jeder Bahnsteig bildet durch die geänderte Signalaufstellung einen eigenen Streckenblock.

Die Oberleitung deutet zweifelsohne auf eine Hauptstrecke hin, was für einen vorbildgerechten Betrieb die Ausstattung der Ausfahrten mit Rangiersignalen zwingend erfordert. Ob dazu Form- oder lieber Lichtsignale gewählt werden, obliegt den Vorlieben des Anlagenbauers.

etwa ein Bahnübergang, heran und bis zum sicheren Stillstand des Zuges darf dann kein Gegenzug einfahren oder die Schranke geöffnet werden. Gerade auf Hauptbahnen mit geringerem Verkehrsaufkommen oder Nebenbahnen finden sich derartige Lösung daher regelmäßig.

Was bedeutet dies im Einzelnen für die Umsetzung ins Modell? Die Signalausstattung sollte sich in jedem Fall am Bahnhofstyp ausrichten, wobei der nicht zwangsläufig vom Gleisplan vorgegeben sein muss. Das zeigt recht anschaulich das Beispiel eines kleineren Durchgangsbahnhofes auf Seite 106. Soll nun also eine Hauptbahn nachgebildet werden, gehören Ein- und Ausfahrsignale nebst entsprechenden Vorsignalen an durchgehenden Haupt- sowie Kreuzungsgleisen dazu. Die Ausfahr-Vorsignale platziert man zweckmäßigerweise am Einfahrsignal oder spätestens am Gleisanfang. Die Einfahrvorsignale sollten etwa eine bis anderthalb Zuglängen vor dem Einfahrsignal stehen. Sind sie aber etwa wegen eines Tunnels oder Einschnittes nicht einsehbar, können sie auch

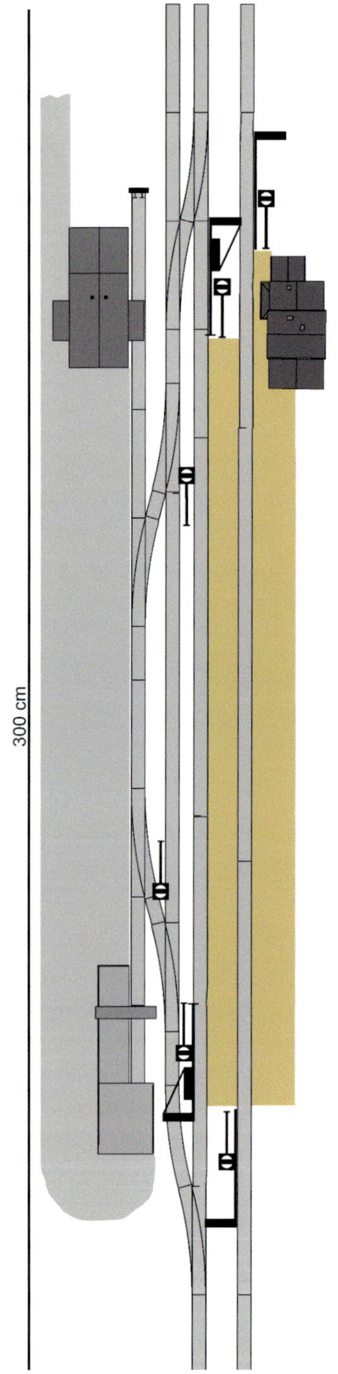

Die Signalausstattung entspricht einem H0-Bahnhof an eingleisiger Hauptstrecke.

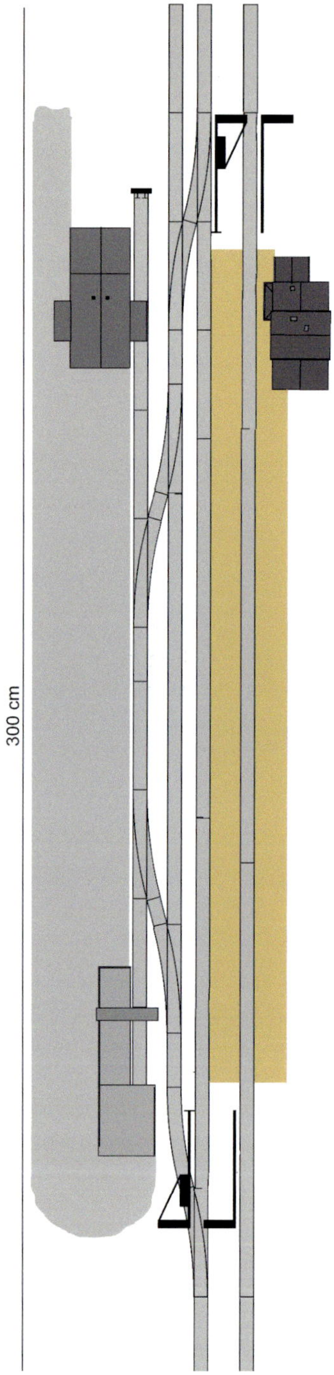

Die Signalausstattung entspricht hier einem kleinen Bahnhof mit viel Verkehr.

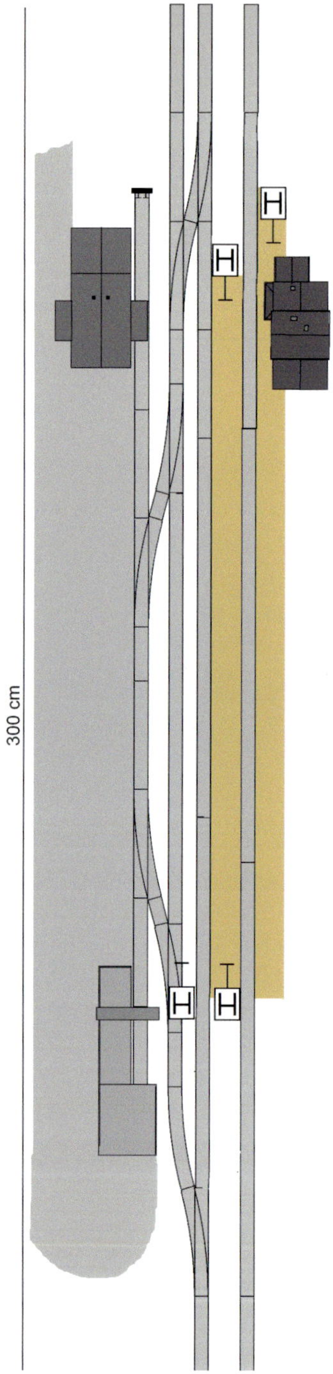

Die fehlenden Ausfahrsignale weisen den Bahnhof eindeutig als Nebenbahnstation aus.

Dreidimensionale Ansicht des Bahnhofsentwurfes der Seite 108 mit vereinfachter Signalausstattung. Die eindeutige Festlegung auf Haupt- oder Nebenbahn ist damit nicht getroffen, was die Betriebsmöglichkeiten durchaus erweitern kanns.

entfallen. Wird im nachgebildeten Bahnhof rangiert oder werden Lokomotiven umgesetzt, dürfen auch die Rangiersignale an allen Gleisen nicht fehlen.Ausnahmen sind aber an den Güterschuppen-, Rampen- und Freiladegleisen zulässig.

Besitzt der Bahnhof eine untergeordnete Bedeutung oder liegt an einer Nebenstrecke, genügt die nebenstehend in der Mitte gezeigte Signalausstattung an Haupt- und Kreuzungsgleis. Rangiersignale sind nicht erforderlich. Um das Überfahren der >>Halt<< zeigenden Ausfahrsignale beim Rangieren zu erlauben, stattet man diese als DR-Bahner mit Rautentafeln aus (siehe Seite 96).

Als reine Nebenbahnstation mit geringen Aufkommen besitzt der Bahnhof an Haupt- und Kreuzungsgleis nur H-Tafeln. Den Fahrtauftrag erteilt der Fahrdienstleiter. Trotzdem kann der Bahnhof Einfahrsignale besitzen. Bei der Verwendung von Formsignalen sollten diese zweiflüglig und ungekoppelt sein.

Signale in der Praxis

Zur besseren Veranschaulichung der Signalaufstellung soll untenstehender Bahnhofsplan dienen. Die Ausfahrt ist typisch für eine zweigleisige Hauptstrecke mit abzweigender Neben-

Mit Märklin-C-Gleis gestaltetes Diorama einer Bahnhofsausfahrt mit zugehörigem Plan für Formsignale.

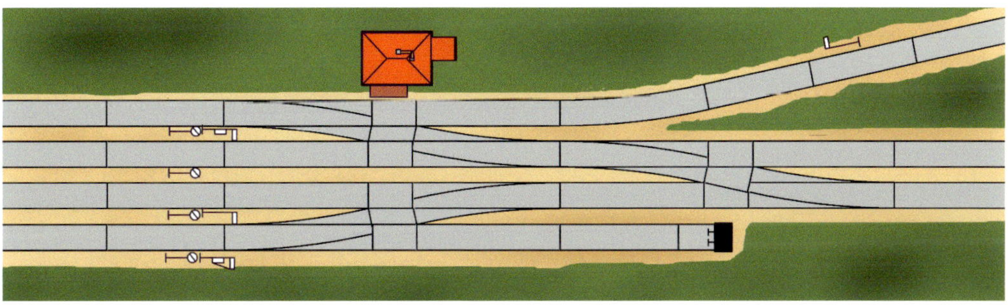

Das Einsetzen der Viessmann-W-Tafeln sowie im Übrigen der meisten Lichtsignale auf der Anlage ist vergleichsweise einfach: Platzieren einer Bohrung laut Herstelleranweisung, Einstecken und Ausrichten des Signals sowie der finale elektrische Anschluss.

bahn, wobei auf den Hauptgleisen ein Richtungsbetrieb stattfindet. Deshalb besitzt das Gleis 3 (von unten gezählt) auch kein Ausfahrsignal. Das an Gleis 1 ist wegen der Ausfahrt im Weichenbogen zweiflügig gekoppelt, das an Gleis 4 dagegen zweiflüglig ungekoppelt, weil Ausfahrten an der Nebenbahn (gerade) mit Höchstgeschwindigkeit erfolgen können, etwaige Fahrten auf die Strecke jedoch nur langsam.

Sonderfälle beim Vorbild

Aus Gründen der Sichtbarkeit an Brücken oder Bahnsteigen finden beim Vorbild oft Signale mit besonders niedriger Bauhöhe Verwendung. Sie werden individuell angepasst, was wohl der Grund dafür ist, dass man sie im Modell kaum findet. Dabei sind Umbauten an Viessmann-Form- und vielen anderen Lichtsignalen relativ leicht zu bewerkstelligen und bilden einen echten Blickfang im Modell.

Vorbildlich im Rangierbereich eines Bahnhofes installierte Zwerg-Rangiersignale (Viessmann) mit zugehörigen Anschlusskästen (Erbert).

In den Rangierbereichen größerer Bahnhöfe sollten entsprechende Signale nicht fehlen.

Bahnsteigdächer erforderten Sonderformen in Quedlinburg (oben) und Essen Hbf.

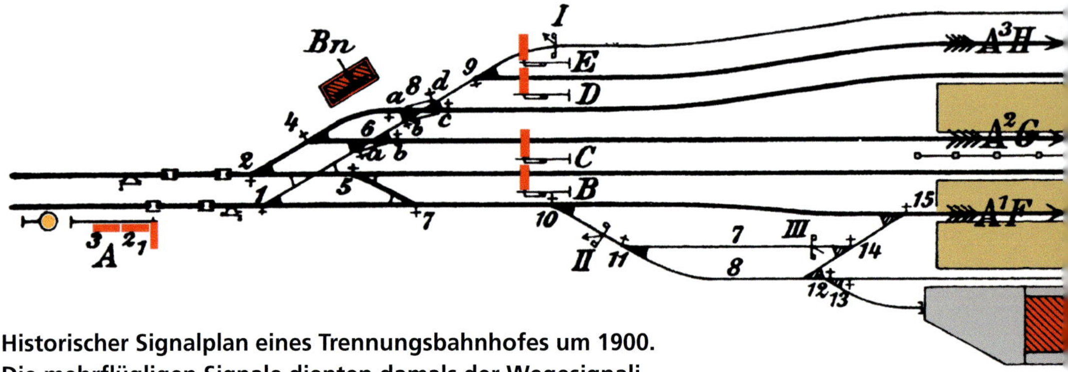

Historischer Signalplan eines Trennungsbahnhofes um 1900. Die mehrflügligen Signale dienten damals der Wegesignalisierung, was auch an den eingetragenen Fahrstraßenbezeichnungen abzulesen ist. Diese setzen sich aus den Bezeichnungen der begrenzenden Signale und gegebenenfalls der Nummer des Signalflügels zusammen. Gleis 6 ist offenbar ein durch Gleissperren gesichertes Ladegleis. Ab Epoche III wären die Signale A, J, K sowie B zweiflüglig ungekoppelt, D, E und H zweiflüglig gekoppelt.

Signalangebot (H0, Auswahl)

Signaltyp	Anwendung	Hersteller	Nenngröße
Formhauptsignal, einflüglig	Ein- und Ausfahrsignal an durchgehenden Hauptgleisen	Viessmann Fleischmann Weinert	H0, TT, N H0, N H0, N
Formhauptsignal, zweiflüglig gekoppelt	Einfahrsignal an Abzweigen, Ausfahrsignal an Nebengleisen	Viessmann Fleischmann Weinert	H0, TT, N H0, N H0, N
Formhauptsignal, zweiflüglig	Ein- und Ausfahrsignal mit Fahrmöglichkeit gerade und abzweigend	Viessmann Weinert	H0, TT, N H0, N
Formvorsignal, zweibegriffig	vor einflügligen Formsignalen	Viessmann Fleischmann Weinert	H0, TT, N H0, N H0, N
Formsignal, dreibegriffig	vor zweiflügligen Formsignalen	Viessmann Fleischmann Weinert	H0, TT, N H0, N H0, N

gekoppelt: Signal zeigt nur die Begriffe >>Halt<< und >>Langsamfahrt<<
ungekoppelt: Signal zeigt die Begriffe >>Halt<<, >>Langsamfahrt<< sowie >>Fahrt mit Höchstgeschwindigkeit<<
zweibegriffig: Vorsignal zeigt nur die Begriffe >>Halt erwarten<< und >>Fahrt frei erwarten<<
dreibegriffig: Vorsignal zeigt die Begriffe >>Halt erwarten<<, >>Langsamfahrt erwarten<< und <<Fahrt frei erwarten<<

Alle Signale in der Ausführung der Epochen II bis V für DRG, DB und DR.
Einzelne, wichtige Länderbahnsignale der Epoche I bieten für Bayern Weinert und Viessmann, für Sachsen SEM und für Preußen Weinert.

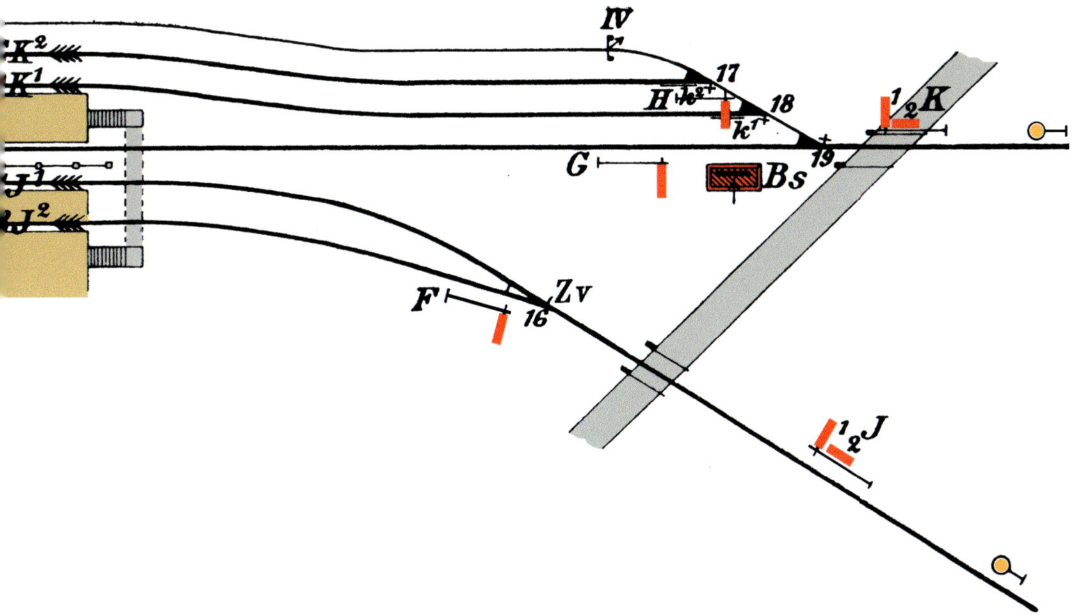

Signaltyp	Version / Anwendung	Hersteller	Nenngröße
Lichthauptsignal DB-Bauform 1951	Einfahrsignal	Busch	H0, N
	Ausfahrsignal an allen Gleisen	Erbert	H0, TT, N
		Weinert	H0, N
Lichthauptsignale DB-Bauform 1969	Einfahrsignal	Märklin	H0
	Ausfahrsignal an allen Gleisen	Viessmann	H0, TT, N
Lichthauptsignale DB-Kompaktform	Einfahrsignale	Busch	H0, N
	Ausfahrsignale	Viessmann	H0, TT, N

Die Hersteller bieten zu ihren Hauptsignalen zusätzlich Vorsignale einzeln sowie als Kombination von Haupt- und Vorsignal (für den Folgeabschnitt) an einem Mast mit entsprechenden analogen oder auch digitalen Verschaltungsmöglichkeiten an.

Signaltyp	Version / Anwendung	Hersteller	Nenngröße
Lichteinfahrsignal DR-Hl	Bahnhofseinfahrten	TiH0	H0
Lichtausfahrsignal DR-Hl	Ausfahrsignal an allen Gleisen	TiH0	H0
		Erbert	H0, TT, N
Lichthauptsignale DB AG (Ks)	Einfahrsignale	Viessmann	H0
	Ausfahrsignale an allen Gleisen		

Die Hersteller bieten zu ihren Hauptsignalen auch zugehörige Vorsignale an. Kombinationen aus Haupt- und Vorsignal sind bei diesen Signalsystemen allerdings unbekannt, da sie von vornherein als Mehrabschnittssignale konzipiert wurden (DR-Hl) oder als solche separat erhältlich sind (DB AG-Ks).

Erbert bietet das DR-Hl-Signal nur als Ausfahrsignal. Beim Einsatz als Einfahrsignal sollte man zur Wahrung der Vorbildtreue das obere weiße Licht verschließen, da Einfahrsignale naturgemäß keine Rangiersignale anzeigen. Das untere weiße Licht bleibt erhalten, weil es die Zusatzfunktion des Ersatzsignals bei Störungen des Hauptsignals bedient.

Formsignalausstattung einer zweigleisigen H0-Bahnhofsausfahrt in der Praxis: Die Gleissperrsignale sind bis auf das linke Gleis komplett eingesetzt, die im Richtungsbetrieb nötigen Ausfahrsignale ebenso. Rangierfahrten in der Gegenrichtung werden über W-Tafeln geregelt,von denen aber hier nicht alle sichtbar sind.

Basis für alle Viessmann-Formsignale sind Bohrungen mit 13 mm Durchmesser.

Viessmann-Gleissperrsignale erfordern eine quadratische Öffnung in der Grundplatte.

Bohr- und Feilspäne werden mit einem kräftigen Staubsauger von Gleisbett entfernt.

Beim Einsetzen des Sperrsignals dürfen die Kabel aber nicht gequetscht werden.

Das Einsetzen der Viessmann-Formsignale mit nur einer Spule ist besonders einfach.

Der Doppelspulenantrieb des ungekoppelten Signals erfordert Bohrungsanpassungen.

7 Ausgestaltung

Nach den ausführlichen und überwiegend technischen Darstellungen zum Thema Bahnhöfe steht im abschließenden Kapitel die Detailgestaltung der einzelnen Bahnhofsbauten und ihres Umfeldes im Mittelpunkt. Ihre Ausführung entscheidet letztlich über den Gesamteindruck und das Faszinationsvermögen einer Anlage.

Neben maßstäblichen und vor allem stimmigen Gebäudeensembles spielt auch deren farbliche Gestaltung eine zunehmende Rolle. Immer mehr interessierte Modellbahner streben danach, nicht nur >>schachtelfrisch<< Gebautes zu besitzen, sondern dies auch mit einer vorbildgrechten Patina zu versehen. Schließlich ist dies der einzige Weg, sich vom Spielbahner abzuheben und als anspruchsvoller Modellbauer zu profilieren. Natürlich zählt dazu auch die Beachtung des entsprechenden zeitlichen Hintergrundes bei der Anlagengestaltung: So passen beispielsweise nicht alle Bahnsteigkanten oder bestimmte Nebengebäude auf eine Epoche-III-Anlage, weil diese beim Vorbild erst in den 1970er- oder 1980er-Jahren erstmals eingeführt wurden. Beachtenswert sind auch bestimmte, bereits bei der Gleisplanung beschriebene Details zur Gleisgestaltung in den Epochen I und II, etwa die seinerzeit übliche Vollabdeckung der Schwellen mit Kies nicht nur im Bereich der (ebenerdigen) Bahnsteigübergänge.

Empfangs- und Nebengebäude

Bei der Wahl der Bahnhofsgebäude sollte man unbedingt die Proportionen wahren. Die notgedrungene Verkürzung der Bahnhofsanlage vieler Anlagen sollte sich auch entsprechend auf das Bahnhofsgebäude auswirken. Es ist allemal besser, ein tendenziell zu kleines Empfangsgebäude zu nutzen und auf Stellwerke an den Bahnhofsausfahrten zu verzichten, als wenige Gleise mit den Hochbauten eines großen Bahnknotens auszustatten, also beispielsweise an Gleisen mit knapp anderthalb Metern Nutzlänge ein Bahnhofsgebäude wie Bonn aus dem Sortiment von Kibri mit mehr als einem Meter Gesamtlänge aufzustellen oder drei Gleise mit vier Weichen mit einem Brückenstellwerk zu überspannen. Zwar gab es gelegentlich sehr repräsentative und somit großzügig angelegte Bahnhofsbauten auch auf Nebenstrecken, aber diese waren

In Sachen Detailgestaltung faszinieren vor allem auf Ausstellungen immer wieder Kleinbahnmotive in großen Nenngrößen wie Spur 0 mit ihrer Vielschichtigkeit.

Derart stattliche Empfangsgebäude mit zugehörigen noch längeren Bahnsteigen lassen sich von vielen Modellbahnern wegen des Platzbedarfs nur in kleinen Nenngrößen wie Z oder N nachgestalten.

nicht die Regel, sondern Ausnahmen vor dem Hintergrund ehemaliger Fürstenresidenzen oder Folge von Nachkriegsveränderungen und damit verbundenen Herabstufungen ehemaliger Hauptstrecken zu unbedeutenden Nebenlinien.

Einen wichtigen Einfluss auf die Größe des Empfangsgebäudes hatte natürlich das Umfeld des Bahnhofes. So war es in Städten üblich, eine größere und vor allem repräsentative Empfangshalle im Bahnhof selbst vorzusehen, an die sich, oft in Seitenflügeln, Warteräume und die Bahnhofsrestauration anschlossen. In mittleren und großen Städten gehörte auch eine Post zum unmittelbaren Bahnhofsumfeld. Möglich ist in solchen Fällen auch die Kombination von Post- und Expressgutabfertigung an einem seitlich angeordnetem Bahnsteig, teils mit separatem Expressgutschuppen.

Eine besondere Herausforderung ist der Nachbau konkreter Vorbilder mit ihrem Umfeld wie hier das Empfangsgebäude von Triberg im Schwarzwald. Vorlage waren in diesem Fall zahlreiche Fotos und maßstäbliche Skizzen.

Ebenso wichtig war die Eigenschaft des Empfangsgebäudes als Dienstwohnung. Vor allem in kleineren Städten und auf dem Land war dies ein wichtiges Kriterium. In den Großstädten dagegen fand sich Wohnraum auch außerhalb des Bahnhofes, fallweise in bahneigenen Siedlungen.

Gleichfalls ein wichtiges Ausstattungsdetail von Landbahnhöfen der Epochen I bis III waren Stallungen und Gartenflächen für den Gemüseanbau zur Selbstversorgung der Bahnbediensteten. Im Umfeld vieler Land- und Kleinstadtbahnhöfen fand sich oft auch ein Gast- oder Logierhaus beziehungsweise ein kleines Hotel. Hinzu kamen oft noch einige kleinere Wohnhäuser für die Beamten und Angestellten des Bahnhofes, die nicht in den oberen Etagen des Empfangsgebäudes unterkamen.

Gut auf die Dimensionen der Anlage abgestimmt ist das Bahnhofsgebäude in diesem Beispiel. Dass das Getreidesilo deutlich größer ausfällt, ist absolut vorbildgerecht. Für die Anlage der offenbar sämtlich einseitigen Zwischenbahnsteige gilt das weniger: Die beiden links im Bild sichtbaren sind in dieser Form eigentlich nicht notwendig, da die zugehörigen Gleise nur dem Güterverkehr als Kreuzungs- sowie Aufstellgleise dienen.

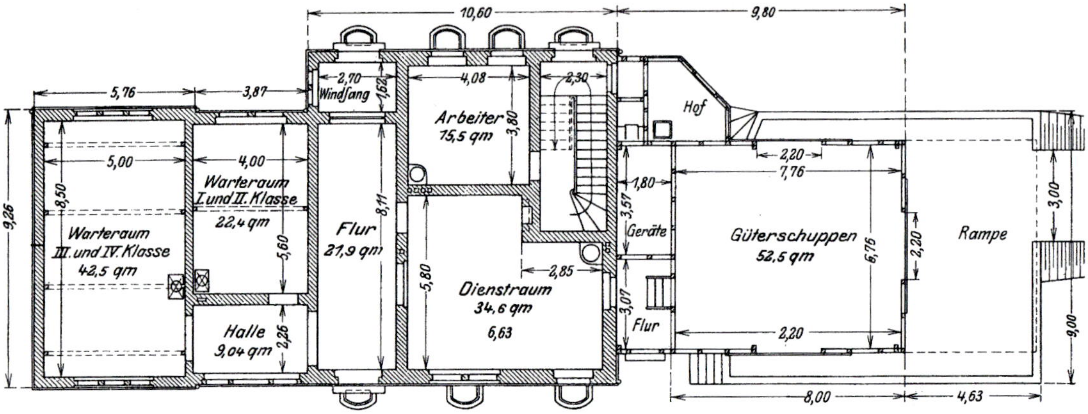

Der Grundriss des kleinen Bahnhofes Schwerstedt veranschaulicht gut die Raumaufteilung im Untergeschoss. Die obere Etage bildet die Dienstwohnungen des Bahnhofsvorstehers.

Bahnhofsvorplätze

Auch wenn sie häufig nicht einzusehen sind, sollten Bahnhofsvorplätze als Schnittstelle zwischen Bahn und örtlichem Verkehr zumindest angedeutet werden. Dazu zählen entsprechende Parkflächen für den Straßenverkehr ebenso wie Haltestellen von Taxen, Bussen und Straßenbahnen.

Im städtischen Umfeld besitzen Bahnhöfe straßenseitig zudem oft gärtnerisch oder architektonisch anspruchsvoller gestaltete Flächen und Plätze, wie beispielsweise auch auf dem Lageplan auf Seite 50 zu erkennen ist. Für die einfachen Landstationen sind dagegen in ummittelbarer Nähe des Empfangsgebäudes meist im Rahmen der Streckeneröffnung gepflanzte und ab Epoche II/III mit großer Höhe dominierenden Linden, Eichen oder Kastanien üblich.

Typisch kleinstädtisches Bahnhofsumfeld der Epochen III und IV mit Taxistand, Bushaltestelle und Telefonzelle nebst Litfaßsäule.

Stellwerke

Für die Ausstattung von Modell-Bahnhöfen mit separaten Stellwerken empfehlen sich folgende Regeln:

Etliche kleinere Stadt- und Landbahnhöfe besaßen bis in die frühe Epoche III keine separaten Bauten. Die Stellwerkstechnik war dort direkt am Hausbahnsteig oder einem kleinen Vorbau untergebracht. Letzterer besaß eine großzügige Fensterfront, um eine gute Beobachtung zu gewährleisten.

Bei den etwas größeren und langgestreckten Stationen trifft man oft auf den Umstand, dass die Weichen einer Bahnhofsseite vom Stellwerk mit Fahrdienstleiter im Empfangsgebäude, die der anderen Seite von einem Stellwerk mit Wärter bedient werden. Sind größere Güterverkehrsanlagen mit mehreren Aufstell- und Ladegleisen vorhanden, steht dort ein zusätzliches Stellwerk. Einige Fallbeispiele finden sich in den Plänen und Abbildungen im Kapitel 6.

In mittelgroßen Bahnhöfen platzierte man dagegen recht schnell separate Stellwerke an den Einfahrten. Die eigentliche Fahrstraßenfreigabe übernahm dann ein Fahrdienstleiter. Er konnte je nach Bahnhofstyp in einem der beiden Stellwerke, im Empfangsgebäude oder einem dritten separatem Stellwerk sitzen, das etwa auch den Güterbahnhof steuerte. Wichtig ist in jedem Fall eine angepasste Gebäudegröße.

Die Platzierung des Stellwerkes am Bahnhofsende mit seinen Weichenverbindungen zum Lokschuppen und Getreidelager ist durchaus plausibel. Allerdings wirkt das Gebäude etwas zu groß und passt mit seiner Holzbauweise und den Verzierungen architektonisch überhaupt nicht zur gemauerten, schlichten Ausführung der beim Vorbild annähernd zeitgleich errichten Anlagen des Betriebswerkes.

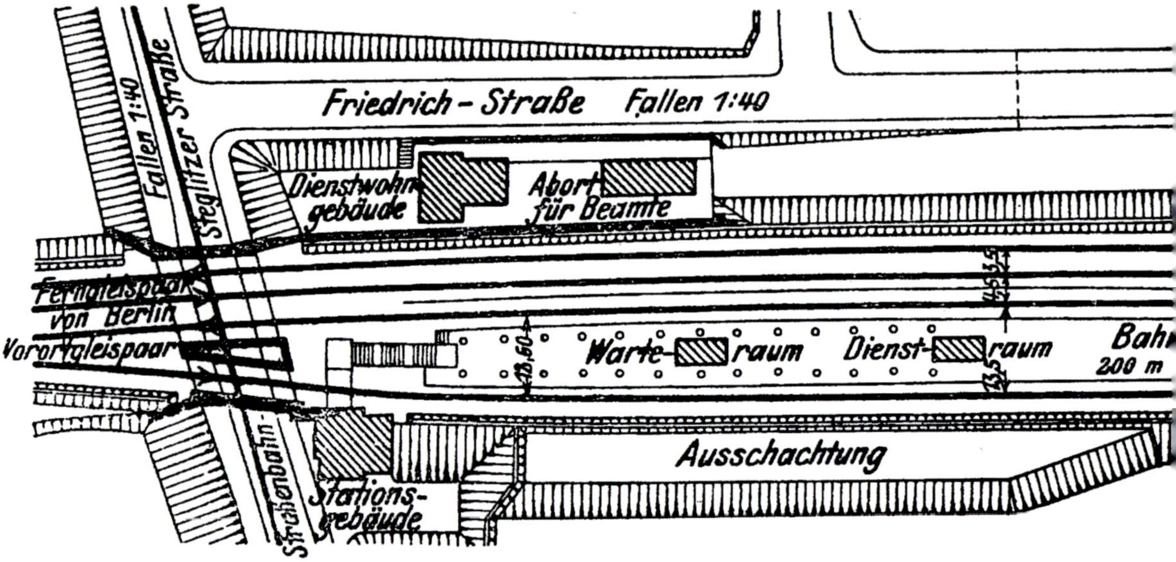

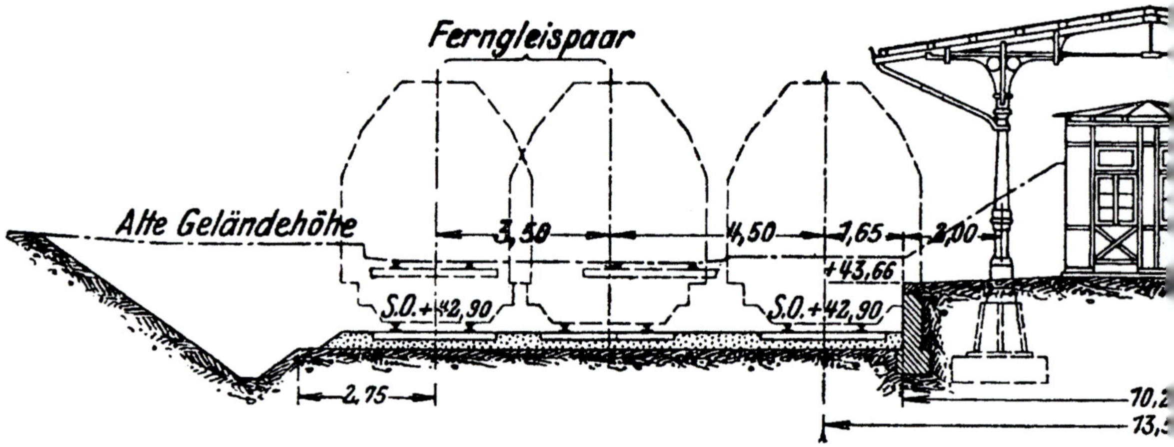

Bahnsteige

Bei der Anlage von Bahnsteigen drohen wie bereits bei der Gleisplanung etliche Fallstricke. Bis auf wenige Großstadtbahnhöfe mit entsprechenden Hallenkonstruktionen besaßen viele Bahnhöfe auch an zweigleisigen Hauptbahnen in der Epoche I zunächst keine separaten Bahnsteige heutiger Prägung. Vielmehr bestanden die Bahnsteige aus einer befestigten, etwa 20 cm über Schienenoberkante (SO) ragenden Bahnsteigkante und einer sich bis zur benachbarten Schie-

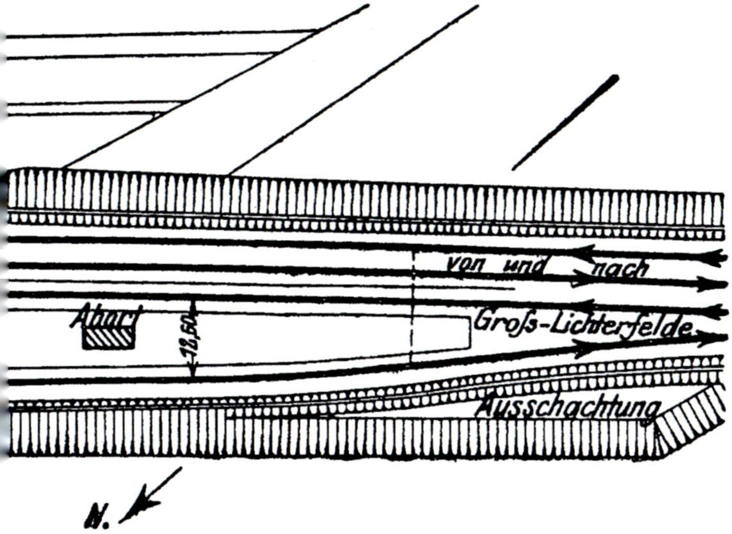

Anhand des Lageplans des Haltepunktes Südende der Berliner Stadtbahn ist recht gut die großzügige Ausstattung mit Überdachung des Bahnsteiges auf halber Länge bis zum Treppenaufgang, Warte- sowie Dienstraum zu erkennen. Der Abort befindet sich aus hygienischen Gründen etwas abgelegen am Bahnsteigende. Für den diensthabenden Beamten wurde offensichtlich in unmittelbarer Nachbarschaft ein eigenes Wohngebäude mit dem um 1900 noch weit verbreiteten Außentoiletten errichtet.

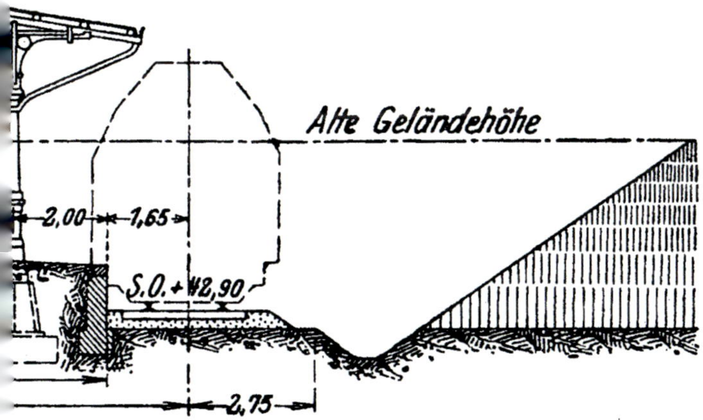

Die Querschnittszeichnung offenbart die wichtigsten Dimensionen wie Bahnsteigbreite, Gleisabstände etc. Diese Werte sind für nachbauwillige Modellbahner eine nützliche Orientierung, können aber durchaus der eigenen räumlichen Situation angepasst werden.

nenkante geneigte Kiesschüttung. Diese Bauform hatte den großen Vorteil, dass die Gleise zum Fahrgastwechsel bei Zugkreuzungen stufenfrei überschritten werden konnten.

Nachteilig war allerdings die geringe optische Abgrenzung des Bahnsteigbereichs gegen die restlichen Gleisanlagen. Dem versuchte man allein aus Sicherheitsgründen mit Bahnsteigsperren und entsprechenden Umzäunungen zu begegnen, die das Betreten der Gleisanlagen immer erst kurz vor beziehungsweise nach der Ankunft des Zuges erlaubten.

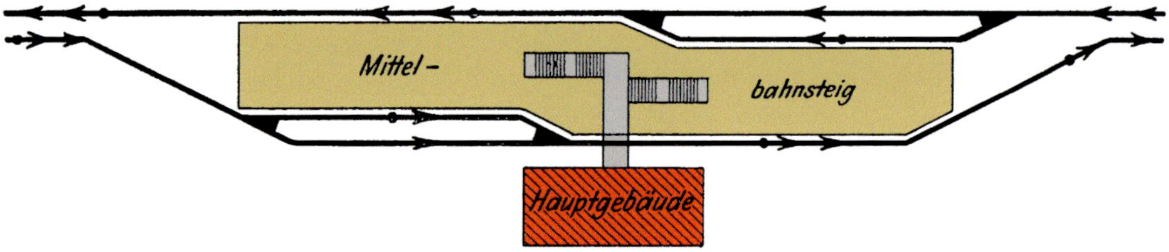

S-förmige Bahnsteige bieten beim Vorbild betriebliche Vorteile unter anderm beim Umsetzen oder Flügeln. Ein Vorbildbeispiel dafür ist der Bahnhof Hagen.

Eine übliche Kombination in Kleinstadt- und Landbahnhöfen ist die teilweise Befestigung der angeschütteten Sandbahnsteige mit Betonplatten, hier als H0-Modell von Auhagen.

Diese vereinfachte Bahnsteigform mit einseitiger Kante hielt sich vor allem an kleineren Bahnhöfen auf Nebenbahnen bis in die Epoche IV, sofern Bahnsteigbreiten von mindestens drei Metern gewährleistet werden konnten. Schmalere aber dennoch häufig frequentierte Zwischenbahnsteige wurden seit der Epoche II mit einer umlaufenden Kante befestigt. Wo es möglich war, änderte man teilweise auch die Gleislage, um breitere und dann auch zweiseitige Bahnsteige anzulegen. Deren Breite schwankte zwischen vier und sechs Metern, in großen Bahnhöfen konnten dagegen Bahnsteige auch Breiten von bis 12 Metern erreichen.

Die Höhe der Bahnsteige lag zwischen 20 und 38 Zentimetern über Schienenoberkante (SO). In den Hallen der Großstadtbahnhöfe etablierte sich dagegen eine Höhe von gut 60

Die zahlreichen Bohleneinlagen ermöglichen bei Zugkreuzungen in Dürrröhrsdorf einen raschen Fahrgastwechsel, erfordern aber vom Lokführer besonders viel Aufmerksamkeit beim sEin- und Ausfahren.

Zentimetern als Standard der Epochen II und III. Sie erlaubte beim Ein- und Ausstieg aus den Personenwagen das Überspringen einiger Stufen durch einen großen Schritt, was den Reisekomfort durchaus verbesserte. Seit der späten Epoche IV werden Bahnsteige bei Modernisierungen neuen Standards unterworfen. Im Nahverkehr liegt die Bahnsteighöhe nun bei 60 oder 76 (80) Zentimetern, im Fernverkehr bei 115 Zentimetern. Letztere Höhe entspricht dem normalen Wagenbodenniveau bei Drehgestellfahrzeugen, erstere Werte werden nur durch Absenkungen erreicht, wie sie beispielsweise bei Doppelstock- oder Niederflur-Triebwagen vorkommen.

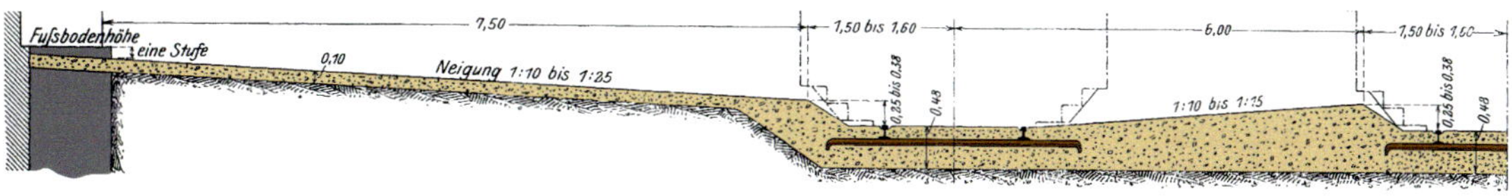

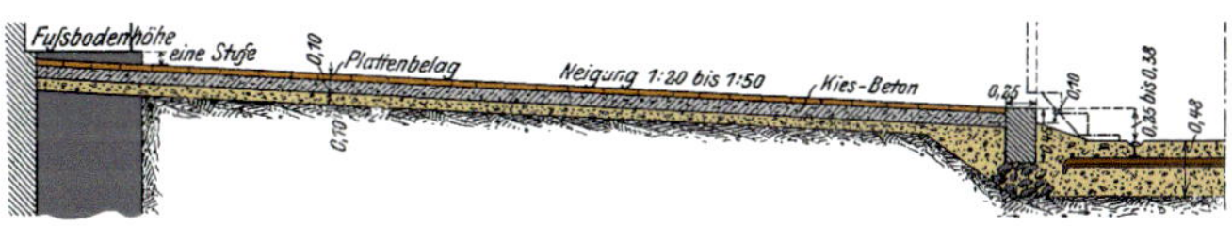

Noch in Epoche II waren Kiesbahnsteige (oben) die Regel, einschließlich komplett eingebetteter Schwellen. Später nutzte man Betonkanten und Tonfließen.

Dass aufgeschüttete Zwischenbahnsteige mitunter recht steil waren, zeigt das Beispiel des Bahnhofs Tröglitz bei Zeitz. Anders war die zum Einsteigen günstige Höhe aber nicht erreichbar.

Der Zugang zu den Bahnsteigen erfolgte in Kleinstädten und im ländlichen Raum in der Regel bis in die Epoche III oder gar IV hinein oft über Bohlenüberwege. Die Sicherung derselben erfolgte entweder mit Posten (Bahnsteigaufsicht) sowie durch Schrankenanlagen oder Rollgatter. Lediglich dort, wo diese Methoden aufgrund gestiegener Zugdichte oder höheren Fahrgastaufkommens nicht mehr anwendbar waren, änderte man den Bahnsteigzugang wie schon in den Städten auf Tunnel oder Fußgängerbrücken.

Die Ausstattung des Bahnhofes Blumenberg mit befestigten und überdachten Bahnsteigen lässt Rückschlüsse auf dessen Bedeutung zu. Bemerkenswert sind die im zurückgebauten Gleisbett angelegten Blumenbeete mit ihren weiß gekalkten Feldsteinrändern.

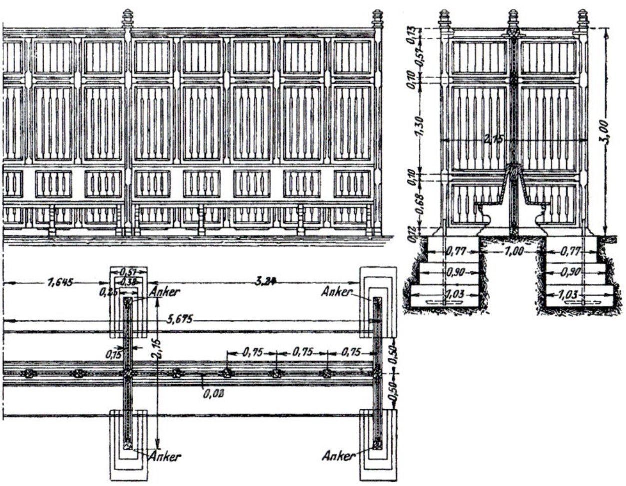

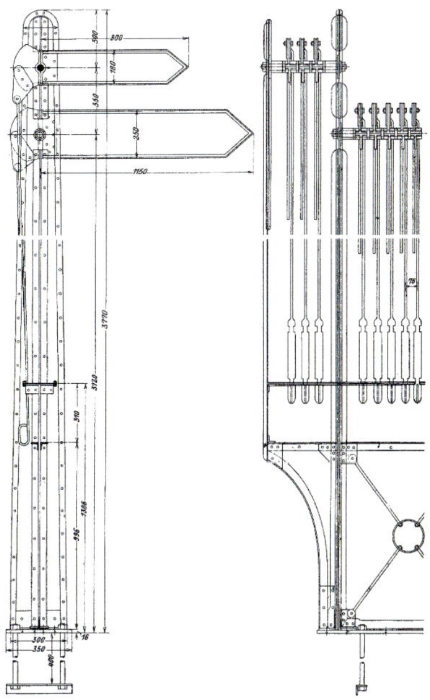

Bis in die Epoche III hinein fanden sich auf vielen größeren Bahnhöfen windgeschützte, massive Bänke (oben) und die als Hampelmann bekannten klappbaren Zugzielanzeiger.

Derartige offene Wartehallen fanden sich in zahlreichen kleinen und mittleren preußischen Bahnhöfen,wie nebenstehende Typenskizze zeigt. Im Sommer nutzten viele Gastwirte die Chance zur geschützten Bewirtung ihrer auf den nächsten Zug wartenden Gäste.

Elementare Bestandteile der Bahnsteige waren bereits Mitte des 19. Jahrhunderts Stationsschilder und windgeschützte Sitzgelegenheiten. Das waren Bänke mit entsprechend hohen Rück- und Seitenwänden, vereinzelt auch separate Warteräume. Später kamen noch Waschbecken, Blumenbeete und auf größeren Stationen oder den Schnellbahnen der Großstädte eigene Warteräume sowie eine Bahnsteigaufsicht hinzu. Wo es das Fahrgastaufkommen notwendig erscheinen ließ, statteten die Eisenbahnen ihre Bahnsteige bei entsprechender Breite noch mit Überdachungen aus. Sie bestanden ursprünglich aus zweisäuligen Holzkonstruktionen, die jedoch

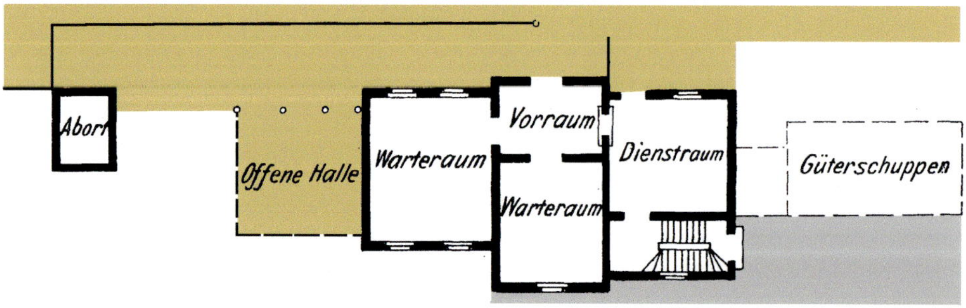

vielerorts recht schnell durch einheitliche Mittelfuß-Träger ersetzt wurden.Lediglich im Bereich der Treppenzugänge wich man davon ab. Die meisten Bahnsteigdächer deckten allerdings nur den unmittelbaren Bereich der Bahnsteigtunnel ab und verhinderten so das Eindringen größerer Niederschlagsmengen, die in etlichen Fällen den regelmäßigen Einsatz von kostspieligen Pumpen zur Trockenhaltung der Unterführungen erfordert hätten.

Die Befestigung der Bahnsteige erfolgte vielerorts mit Kleinkopfpflaster, Tonfließen oder auch Betonplatten. Erst in der Nachkriegszeit setzte sich Asphalt und ab Epoche IV zunehmend Betonpflaster durch.

Einen für die Deutsche Reichsbahn typischen Bahnsteigaufgang zeigt diese Abbildung. Neben Aschersleben waren damit weitere Bahnhöfe im Großraum Magdeburg ausgestattet. Besonderes Augenmerk verdient der filigran verglaste Treppenüberbau. Leider gibt es Derartiges noch nicht als Serienmodell.

Die Einzelteile des Weißmetall-Bausatzes von mkc.

Beim Verkleben werden die Einzelteile gut beschwert

Die Anschüttung wird mit Spachtelmasse modelliert.

Ein Spatel ist beim Formen der Fahrrinne nützlich.

Ein feuchtes Tuch hilft beim Reinigen der Bahnsteigkante.

Mittels Pinsel erhält die Kante ihre betongraue Farbe.

Die Oberfläche des Bahnsteigs bildet feiner Sand.

Das Fixieren übernimmt stark verdünnter Weißleim.

Wichtig sind die Bohlenübergänge zum Zwischenbahnsteig.

Ein aktueller Modellbautrend ist die Nutzung originalgetreuer Materialien wie Holz.

Die lasergeschnittenen Teile müssen sorgsam aus dem Rohling herausgetrennt werden.

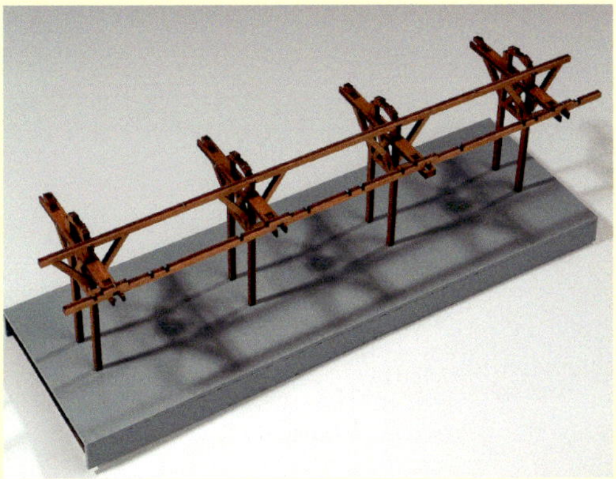

Die passgenauen Teile sitzen sehr straff und verleihen der Konstruktion ihre Stabilität.

Ein Kartonstreifen bildet die Unterlage für die Dachpapp-Nachbildung aus Karton.

Kleine, gleichfalls gelaserte Holzteile bilden die Aufnahme der optional am Bahnsteigdach zu montierenden Regenrinnen.

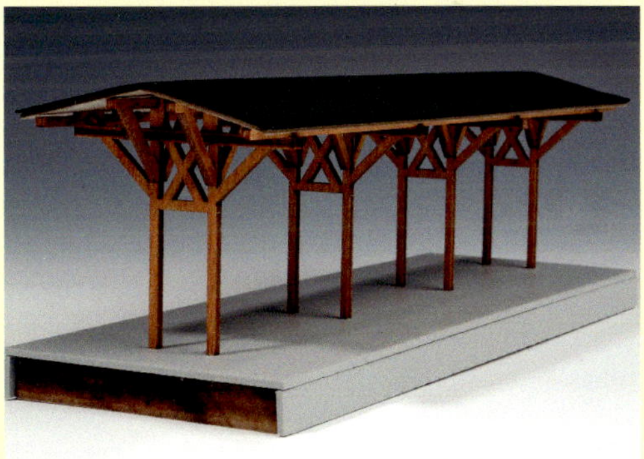

Busch liefert seinen Bahnsteig mit einem kunststoffbedeckten Balsaholzkern. Diese Unterkonstruktion lässt sich bei Bedarf dem eigenen Gleissystem anpassen. Ebenso ist möglich, nur die Dachkonstruktion für den eigenen Bahnsteig zu verwenden.
Als Ausstattungsdetails liegen dem Bausatz noch Bänke sowie für Epoche V passende Uhren und Stationsschilder bei.

Limks: Eine nebenbahntypische Bahnsteigkante aus Altschwellen bieten unter anderen Weinert und KHK.

An ländlichen Stationen gehörten oft so genannte Derrick-Kräne mit Kettenzügen für den Holzumschlag zur Ausstattung der Ladestraßen.

Ladestraßen

Die öffentlichen Ladestraßen an den Bahnhöfen stellten die Schnittstelle zahlreicher Unternehmen mit der Eisenbahn dar, denn ein eigener Gleisanschluss lohnte sich bereits früher nur bei entsprechend hohem Frachtaufkommen. Außerdem war er an eine bahnhofs- oder streckennahe Unternehmensansiedlung gebunden, die nicht immer gegeben war.

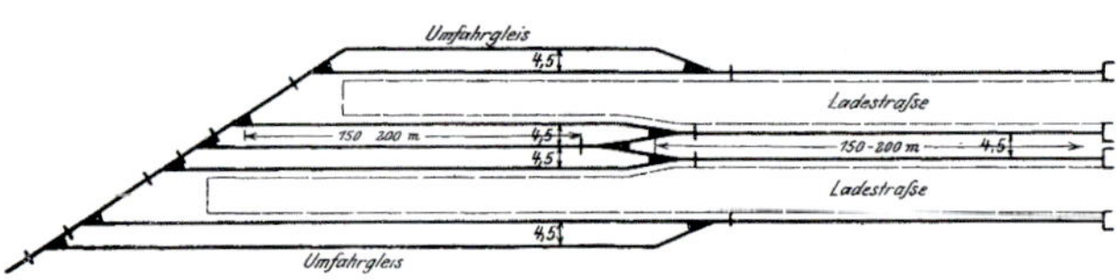

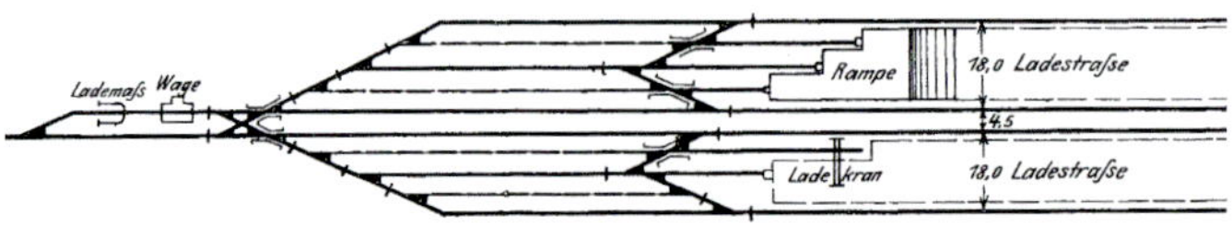

Lange Ladestraßen besitzen oft zusätzliche Weichenverbindungen oder Umfahrgleise (oben).
Üblich war auch die Ausstattung von Ladestraßen mit vorgelagerten Aufstellgleisen, vor allem auf größeren Stadtbahnhöfen mit hoher Umschlagfrequenz.

Die Ladestraßen besaßen als Abgrenzung zum Gleis stets eine befestigte Kante. Deren Ausführung war jedoch nicht einheitlich und sie konnte im ländlichen Raum oder an Nebenstrecken auch aus regelmäßig angeordneten Prellsteinen bestehen. Eine Pflasterbefestigung oder spätere Asphaltierung nahm man nur ein entsprechend intensiver Nutzung vor. Auch die Ausstattung der Ladestraßen mit mit einer Beleuchtungsanlage war optional und erfolgte in der Regel flächendeckend erst ab Epoche III.

Wichtig ist bei der Nachbildung von Ladestraßen im Modell die vorbildorientierte Breite. Sie sollte umgerechnet mindestens 12 Meter betragen, denn es musste möglich sein, einen LKW auch rückwärts senkrecht zur Gleisachse stehend

Ein gutes Beispiel für eine Modell-Ladestraße findet sich hier. Selbst die Gleiswaage wurde nicht vergessen. In den Aufstellgleisen werden gerade die nächsten Wagen bereit gestellt.

Nicht optimal ist die Platzierung dieses Kohlehandels der Epoche II. Um Waggons in die Vorratsbansen entleeren zu können, würde die Weiche blockiert. Besser ist hier die Verschiebung des Gebäudes um gut 20 Zentimeter nach rechts.

Aus Auhagens Mauerkanten und Straßenplatten lassen sich recht leicht gepflasterte Ladestraßen auf Schienenhöhe nachbilden.

Für vorbildgerechte Patina sorgen verschiedene Pigment-Trockenfarben. Mit einem festen Pinsel lassen diese sich in die Oberfläche einarbeiten. Fixiert wird anschließend mit Mattlack.

Noch in der Epoche III gehörten kleinere Kohlehändler zu den Stammnutzern der Ladestraßen. Zur Minimalaustattung gehört neben dem entsprechend verschmutzten Platz nur ein Förderband. Die hier gezeigten Bansenwände liefert pmt.

Überladekräne waren vor allem an den Ladestraßen gefragt, an denen häufig Baustoffe oder Maschinen umgeladen wurden. Die Auswahl an Kränen, teils mit digitalem Antrieb, ist recht groß.

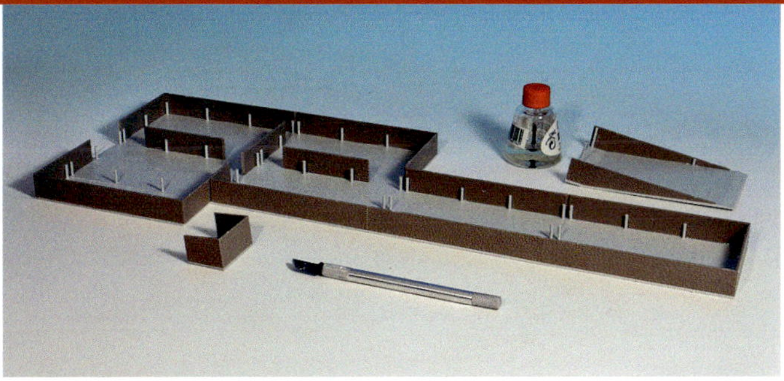

Rampen sind ein wichtiger Teil der Ladestraßen. Einige Bausätze, so der von Auhagen, lassen sich eigenen Vorstellungen entsprechend kombinieren. Wichtig ist eine ausreichende Versteifung der Einzelteile.

zu entladen, ohne den Verkehr zu blockieren. In H0 entspricht dies immerhin fast 14 Zentimetern, ein Maß, dass nur selten eingehalten wird. An einigen Ladestraßen bediente man sich beim Vorbild sogar unterschiedlicher Pflasterungen, um die Lade- und Fahrbereiche deutlich zu unterscheiden.

An den Ladestraßen wurden die jeweiligen Güter immer wagenladungsweise abgefertigt. Dabei bildeten sich oft feste räumliche Nutzungen entlang des Ladegleises heraus, etwa durch den örtlichen Kohle- oder Düngemittelhändler. Entsprechende Spuren lassen sich auch im Modell zur Belebung dieser Bahnhofseinrichtung nachbilden.

Ein wichtiger Bestandteil vieler Ladestraßen war neben dem Ladegleis als solchem eine kombinierte Kopf-/Seitenrampe. Vor allem aus militärischen Gründen war sie in der Epoche I und II Bestandteil vieler Bahnhöfe. Anderorts war sie dagegen auch zur Verladung von Holz- und Baumaterial unverzichtbar. Komplettiert wurden die Anlagen der Freiladegleise fallweise auch einen Überladekran. Letzterer konnte als Bock-

In Frose befand sich der Güterschuppen gegenüber dem Empfangsgebäude an der Bahnhofsausfahrt in Richtung Halberstadt. Anfang der 1990er-Jahre war die gewaltige Halle entbehrlich und diente als Lager der Bahnmeisterei.

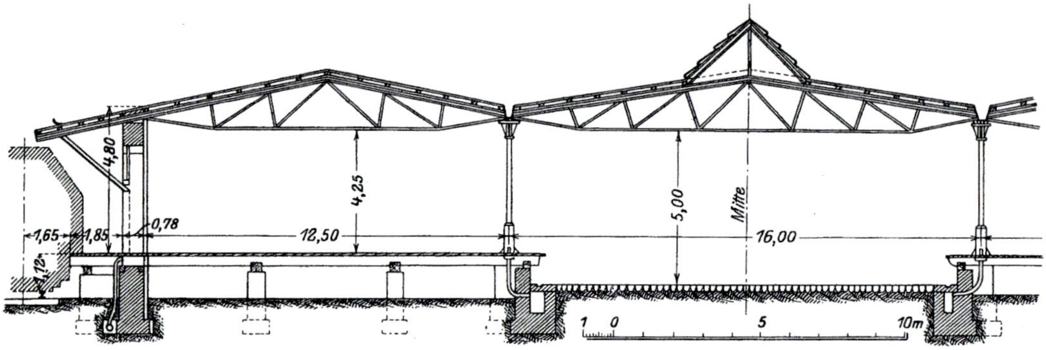

a Kassenbeamter,
b Kasse,
c Akten,
d Lampen,
e, p Geräte,
f Rollfuhr-Unternehmer,
g Bahnmeister,
h, i Güterannahme,

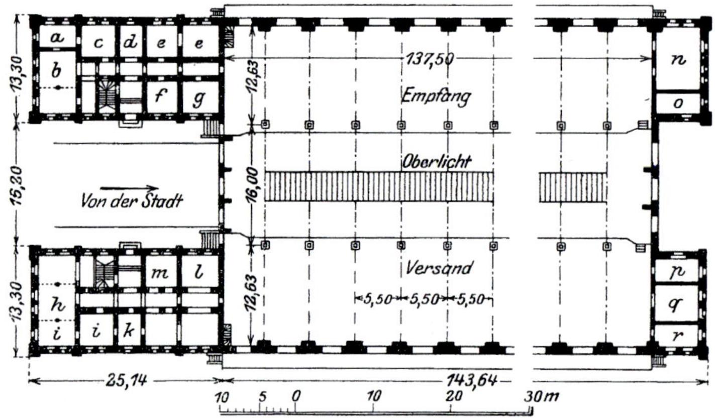

k Vorsteher,
l Güter-Versand,
m Ueberwachung,
n Bodenmeister,
o, q Arbeiter,
r Versand-Bodenmeister.

In seinen Abmessungen entspricht der Güterschuppen von Halle (Saale) der Bedeutung des Bahnhofes. Bemerkenswert ist die überdachte Ladezone für LKW mit einem großen Oberlichtaufbau.

oder metallener beziehungsweise hölzerner Drehkran ausgeführt sein. Nach dem Zweiten Weltkrieg setzten sich dafür allerdings verstärkt Gabelstabler und Autokräne durch.

Wurden viele Schüttgüter wie Kies und Sand oder landwirtschaftliche Produkte wie Kartoffeln und Rüben verladen, befand sich im Ladegleis oder in dessen Nähe zusätzlich eine Gleiswaage. Oft war diese auch mit einem Lademaß zur Kontrolle der Einhaltung des Lichtraumprofils kombiniert. Vor allem bei Maschinenteilen und Strohladungen waren solche Kontrollen nötig, um ein Herausragen aus dem Profil und

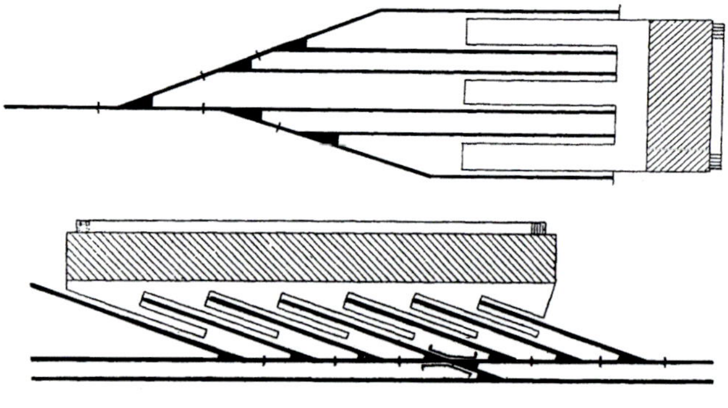

Zum flexiblen Zustellen der einzelnen Waggons konnten Güterschuppen kamm- oder sägezahnartige Rampenvorbauten besitzen. Im Modell trifft man solche Beispiele auch wegen des Platzbedarfs der nötigen Weichen jedoch nur selten.

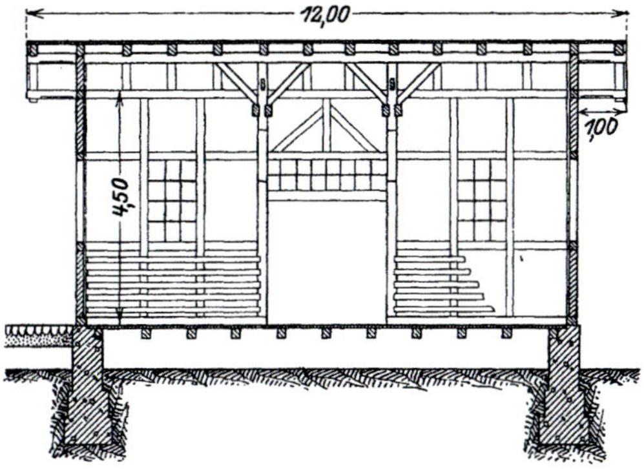

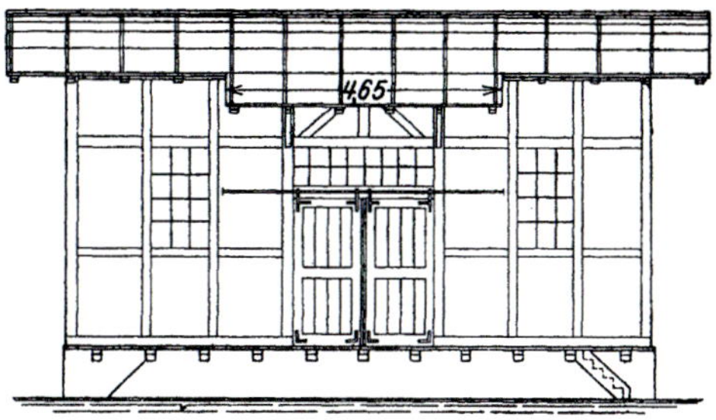

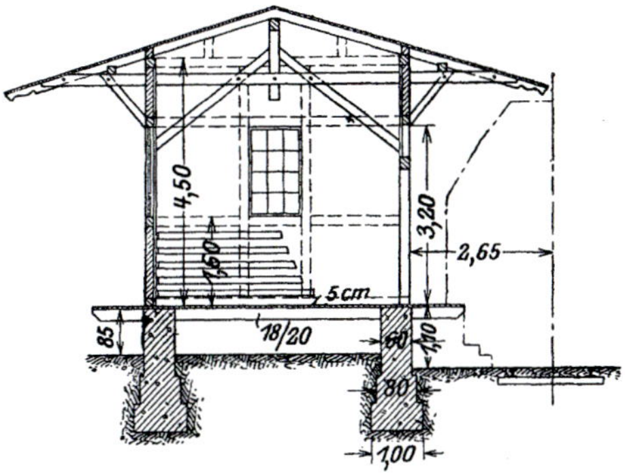

Besser für Modellbahnen geeignet sind Güterschuppen von den Dimensionen Erfurt-Bischlebens (siehe Seite 56). Onwohl sie in dieser Form sehr oft anzutreffen waren, sind sie im Modell selten. Eine ansprechende Version liefert mbz in Form des ähnlichen Güterschuppens Witterschlick in H0, TT und N.

damit verbundene Beschädigungen an Brücken, Tunneln oder entgegenkommenden Zügen zu vermeiden.

Güterschuppen

Wie die Ladestraße gehörte der Güterschuppen zum festen Bestandteil aller Bahnhöfe und Haltepunkte mit Güterverkehr. In ihm lagerten Stückgüter, die keinen Wagen füllten und deshalb gesammelt zum nächsten größeren Bahnknoten transportiert wurden. Dort erfolgte dann nach einer Neusortierung der Weiterversand oder die Auslieferung an den Empfänger.

Die Größe der Güterschuppen variierte sehr stark. Vom kleinen Anbau am Empfangsgebäude mit gut 30 Quadratmetern Lagerfläche bis hin zur Halle mit innen liegenden Gleisen und mehr als 1.000 Quadratmetern Lagerfläche reicht die Spanne beim Vorbild, wie auch nebenstehende Abbildungen illustrieren. Entsprechend verschieden war auch die Gleisanbindung der zugehörigen Schuppenrampen.

An den Güterschuppen selbst schloss sich in vielen Fällen noch eine überdachte, umzäunte Rampe für gefährliche Güter an. Dazu zählten unter anderem Gas- und Lackflaschen oder gasende beziehungsweise übel riechende Chemikalien. Daneben besaßen größere Güterschuppen noch Büroräume

Im Stadtroda trennt die unterschiedliche Pflasterung vor dem Güterschuppen Lade- und Fahrbereich deutlich gegeneinander ab.

Im Modell sollten Ladeflächen mindestens so breit bemessen sein, dass an einem quer zum Gleis oder Güterschuppen stehendem LKW noch ein weiterer vorbeifahren könnte.

Aktuelle Bausätze (Busch) bestehen aus echtem Holzfachwerk, stabilen Kartonwänden als Unterbau sowie Schaumstoff als Füllung.

Mit Kontaktkleber wird zuerst der Kartonrohbau errichtet. Auf diesen klebt man dann die Fachwerkkonstruktion sowie Vorbauten.

Als Fachwerkfüllung dienen passgenaue und selbstklebende Mauerimitationen aus aufgeschäumten dünnen Kunststoffplatten.

Die farbliche Gestaltung der Außenrampen sowie des im Original hölzernen Schuppenbodens verbessern den Gesamteindruck .

Das Dach aus stabilem Karton erhält seine Formstabilität durch die feste und flächige Verklebung mit den hölzernen Dachsparren. Regenrinnen komplettieren das Ganze.

Beim Einbau in die eigene Anlage sollten alle Schuppen auf die korrekte Rampenhöhe geprüft werden. Eventuell müssen Unterfütterungen Höhendifferenzen ausgleichen.

zur Annahme von Stückgütern und zur Erledigung nötiger Formalien wie die Erstellung der Frachtpapiere etc.

Lange Zeit waren Fachwerkschuppen mit Lehm- oder Ziegelausmauerung Standard, weil sie entsprechend einfach zu errichten und hinreichend stabil waren. In waldreichen Regionen gab es auch reine Holzschuppen, etwa in Bayern. Erst Anfang des 20. Jahrhunderts entstanden massiv gemauerte Güterhallen, teils mit einem deutlichen Einfluss regionaler Architekturmerkmale wie Bruch- oder Sandsteinmauerwerk.

Mit Beginn der Epoche IV begann im Westen jedoch der Niedergang des Stückgutverkehrs und viele Güterschuppen wurden geschlossen, abgerissen oder an Gewerbetreibende vermietet. Eine solche Anlage im Modell kann somit den Bahnhof um einen Blickfang bereichern.

Güterschuppen im Modell

Die meisten der handelsüblichen Güterschuppen fallen bei näherer Betrachtung unbhängig vom Maßstab recht klein aus. Dies betrifft sowohl die Breite als auch die Tiefe. Sie eignen sich deshalb für die Nachbildung größerer Güterbahnhöfe nur bedingt, was allerdings angesichts des vorhandenen Platzes der meisten Modellbahner nicht unbedingt ein Mangel ist. Positive Trends setzen in jüngerer Zeit Schuppen in der so genannten Lasertechnik. Sie erlaubt den Herstellern durch den Entfall der hohen Formkosten die Auflage kleinerer Serien und damit Nachbildung ungewöhnlicherer Vorbilder.

Wer allerdings wirklich einen Großstadt-Güterschuppen sein eigen nennen will, kommt um den Selbstbau der Güterhalle nicht umhin. Positiv: Viele neuere Güterschuppenmodell lassen sich vergleichsweise einfach auch von weniger geübten Modellbauern verlängern und weisen zudem größere und somit akzeptable Tiefen auf.

Ein heruntergekommener Güterschuppen im Epoche-V-Umfeld kann bei entsprechender Gestaltung durchaus ein Blickfang sein.

■ Bahnhöfe und Propaganda

Nicht erst im Dritten Reich rückten die Bahnhöfe als Symbol des Fortschrittes auch in den Blickpunkt der jeweiligen Propaganda-Apparate. Bereits in der Epoche I wurden viele Stationen zu Anlässen wie Kaisers Geburtstag oder anderen nationalen Feiertagen entsprechend herausgeputzt.

Weit über das übliche Verschönern der Bahnanlagen hinaus gingen die getroffenen Maßnahmen jedoch im Dritten Reich sowie bei der Deutschen Reichsbahn in der DDR. Vor allem dort finden sich auf alten Aufnahmen zahlreiche Beispiele für unterschiedlichste Agitationsformen zu den unterschiedlichsten Anlässen. Das Spektrum reicht dabei vom obligatorischen

Die olympischen Spiele in Berlin im Sommer 1936 boten den Anlass zur Ausschmückung des Bahnhofes Elsterwerda. Auf den meisten Epoche-II-Anlagen werden solche Motive bei der Anlagengestaltung vermieden, obwohl das allgemeine Verbot von NS-Symbolen an dieser Stelle nicht greift.

In Frieden und Einheit zu Reisen, diesen Wunsch durften DDR-Reichsbahner bis 1959 sehr plakativ kundtun. Zusammen mit dem großfarmatigen Schriftzug >>Gute Reise<< ist dies eine interessante Vorlage zur Modellgestaltung.

Typische und im Modell nachbildungsfähige Losungen zeigen diese Beispiele des Bahnhofes Sömmerda aus den 1960er-Jahren.

Flaggenschmuck über kunstvolle Bepflanzungen nebst Propagandatafeln bis hin zur Aufstellung von Gedenksteinen und Plastiken. So war es gerade bei der DDR-Reichsbahn in den 1950er- und 1960er-Jahren gewünscht und üblich, Blumenrabatten an Stellwerken und Bahnhöfen mit bepflanzten

Flügelrädern oder Sowjetsternen zu verzieren oder auf großen Tafeln erst für die Wiedervereinigung und später gegen atomares Wettrüsten zu demonstrieren. Hinzu kamen die zahlreichen Lobpreisungen und Verpflichtungen zu Ehren der Republik und des Sozialismus.

Leider trauen sich viele Modellbauer nicht, dieses zeitgenössische Zubehör auf der eigenen Anlage nachzubilden. Dabei soll es in keinster Weise um eine Verherrlichung der jeweiligen Gesellschaftssysteme gehen, sondern um eine wirklichkeitsgereue Abbildung der dargestellten Epoche mit der selben Akribie wie bei Fahrzeugen oder Bauten. Zudem erlaubt die Auswahl der wiedergegebenen Losungen durchaus Differenzierungen zwischen zeitgenössischer Darstellung und Glorifizierung. Dies haben auch einige Zubehörhersteller erkannt und bieten dem interessierten Modellbauer zu ihren Bausätzen passende Dekorationen beispielsweise in Form von Flaggen, Losungen und Werbetafeln an. Anderes lässt sich mit modernen Basteltechniken im Eigenbau herstellen.

Eine Bank, markante Sechseck-Blumenkübel und eine handgemalte Tafel: Jeder Betrachter erkennt darin eine allgegenwärtige Alltagssituation der DDR-Reichsbahn, wie sie in Betriebswerken und auf Bahnhöfen regelmäßig anzutreffen war.

Anlagen- und Dioramenbau

AG 7/11 Aschersleben: S. 114,
Damen, Jagq: S. 8/9;
Eisenbahnfreunde Bliesen: S. 116 oben;
Eisenbahnfreunde Breisgau: S. 108 unten;
Eisenbahnfreunde Wipperfürth: Titel, S. 10, S. 34, S. 53, S. 61, S. 119, S. 131 oben, S. 136;
Freunde der Eisenbahn Burscheid: S. 50, S. 71, S. 130, S. 131 unten;
Hammer, Werner: S. 122;
Jung, Wolfgang: S. 143;
Kirsch, Michael: S. 15 unten;
Kratzsch-Leichsenring, Michael U.: S. 14, S. 15 oben, S. 46, S. 49, S. 105, S. 108 oben (2), S. 109 oben, S. 112 (3), S. 113 (4), S. 128 oben (8), S. 129 (6), S. 132 (4), S. 133, S. 137 (6), S. 141;
Miniaturwelt Oberhausen: S. 62;
Modellbahnclub >>Friedrich List<< Leipzig: S. 45, S. 65;
Modellbahnclub Leinefelde: S. 11, S. 12, S. 13, S. 41, S. 90;
Modellbauteam Köln: S. 94, S. 116 unten;
Müller, Michael/MEC Oranienburg: S. 36, S. 55;
Reel-Cees (NL): S. 83, S. 138;
Simplex-Team Rennerod: S. 68;

Quellenangaben

>>Die Eisenbahntechnik der Gegenwart<<, Verschiedene Aufsätze aus Reprints des Archiv-Verlages Braunschweig 1997-1999;
>>Der Modelleisenbahner<<, Verschiedene Ausgaben 1954 - 1989;
>>Modellbahn-Kalender<<, transpress-Verlag, 1962, 1963;
>>Gleispläne für die Modellbahn<<, transpress-Verlag, 1987 und 1999;
>>Modellbahnanlagen planen und gestalten<<, Geramond-Verlag München, 2009;
>>Modellbahn-Betriebswerke<<, Geramond-verlag München, 2008

Grafiken

Verschiedene Aufsätze aus >>**Die Eisenbahntechnik der Gegenwart**<<, coloriert von Leikra Fotografie: S. 25, S. 28, S. 32 (3), S. 33 (3), S. 36, S. 38, S. 40 (4), S. 41 (2), S. 42, S. 43, S. 44 (2), S. 48 (2), S. 50, S. 51 (3), S. 52 (3), S. 53, S. 54, S. 56, S. 58, S. 60 (2), S. 62, S. 80 (3), S. 81 (2), S. 82 (4), S. 84, S. 85 oben, S. 86 (2), S. 97, S. 104 (5), S. 110, S. 118, S. 120 (2), S. 122, S. 123 (2), S. 125 (2), S. 126, S. 134 (4), S. 135 (3);
Köhler, Hans (MB-Kalender 1962): S. 91 (2);
Kratzsch-Leichsenring, Michael U.: S. 70, S. 72 (2), S. 76 (2), S. 78 (3), S. 85 unten, S. 88 unten, S. 92 (3), S. 93 (2), S. 106 (3), S. 107 (2);
Reichsbahndirektion Erfurt: S. 88 oben;

Weiterführendes

Ergänzende Informationen zu diesem Buch und den darin abgehandelten Aspekten der vorbildgerechten Bahnhofsgestaltung im Modell lassen sich verschiedenen Beiträgen auf den Internet-Seiten

www.dreileiter-magazin.de sowie

www.bahnbetriebswerke.de

entnehmen. Neben fachlichen Apspekten des Vorbildes finden sich dort auch zahlreiche Anregungen zur Planung und Ausgestaltung sowie zu Fragen der Elektrik und Steuerung. Etliche Bildergalerien und weitere Mustergleispläne liefen zusätzliche Anregungen zum Nachbau.
Daneben werden auch Aspekte der Zugbildung oder Umfeldgestaltung sowie Anlagenwartung ausführlich beleuchtet.
Anhängern gedruckter Informationen seien die aktuellen Buchausgaben des Verlages empfohlen.

Fotos Vorbild

Dr. Dehnke, Volker: S. 96;
Kratzsch, Martina: S. 23, S. 33, S. 77, S. 101, S. 123, S. 133;
Kratzsch, Nathalie: S. 75, S. 100, S. 103 rechts;
Kratzsch-Leichsenring, Michael U.: S. 16, S. 24, S. 26, S. 29, S. 31, S. 37, S. 43, S. 64, S. 65, S. 66, S. 67, S. 73, S. 74, S. 97, S. 98, S. 99, S. 102, S. 103 links, S. 109 unten (2), S. 124, S. 136;
Dr. Maicher, Lutz: S. 22;
Reichsbahndirektion Erfurt: S. 20, S. 84, S. 139 unten, S. 140 (2);
Reichsbahndirektion Halle: S. 19, S. 21, S. 27, S. 30, S. 39, S. 57, S. 126, S. 127, S. 139 oben;
Reichsbahndirektion Magdeburg: S. 44, S. 125 oben;
Wagner, Andreas: S. 18, S. 59;

Fotos Modell

Kratzsch-Leichsenring, Michael U. außer:
Kratzsch, Josefine: S. 108 oben (2), S. 112 (3), S. 113 (4);
Kratzsch, Lukas: S. 128 oben links;
Kratzsch, Nathalie: S. 114;
Tiedtke, Markus: S. 55;

Detailfragen

Für die perfekte Ausgestaltung einer Anlage oder eines Dioramas sind kleine Details unverzichtbar. Obwohl sich in den vergangenen Jahren bei den etablierten Zubehörherstellern einiges bewegte, sind engagierte kleinere Hersteller weiter wichtige Lieferanten. Nachstehend eine Auswahl:

ASOA – Der Münchner Kleinserienhersteller über zeugt zum einen durch sein breites Sortiment an vorbildgerecht ausgesiebten Schottern und Sanden zum exakten Modellbau. Zudem werden vor allem Spur-1-Anhänger dort in Sachen Bahnhofs- und Nebengebäude fündig.

KHK – Der Kölner Hersteller ist spezialisiert auf Laser- und Resinbausätze und vertreibt zudem filigrane Leuchten sowie funktionsfähige und bewegliche Signallaternen aus polnischer Produktion.

Modellbahnzubehör (mbz) – Liebhaber ausgefallener Bahnhöfe nach konkretem Vorbild werden dort fündig. Aus verschiedenen Regionen des Schwarzwaldes sowie Frankens sind komplette Bahnhof-Ensembles in den üblichen Nenngrößen lieferbar.

modellbahn kreativ (mkc) – Interessant sind verschiedene Weißmetall-Bausätze dieses Chemnitzer Herstellers, so Bahnsteigkanten aus Altschwellen, Wasseranschlüsse für Dieselloks, Hemmschuhhalter oder auch Mülltonnen, Bohlenwege etc.

Weinert-Modellbau – Im dessen Sortiment finden sich unter anderem filigrane Signale als Bausatz und Fertigmodell, Bahnsteigkanten aus Weißmetall u.a.

Werkstatt Spörle – Das vom Inhaber entwickelte System an Silikonfomen erlaubt die individuelle Gestaltung von Rampen und Ladestraßen aus Gips.

WEITERE INTERESSANTE BÜCHER ZUM THEMA

Jeder Teil einer Modellbahn sollte mit liebevollen Details ausgestattet werden, um eine perfekte Nachbildung der Wirklichkeit darzustellen. Heizdampf im Bahnhof, Prellböcke, einen künstlichen Hintergrund für Signale oder auch die Gestaltung von Nebengleisen - wie es geht, steht in diesem Ratgeber.
160 Seiten, 144 Abbildungen, 170 x 240 mm
ISBN 978-3-613-71734-3
€ 39,90 | € (A) 41,10

Ziel des Buches ist es mit geringem Aufwand Mängel an den Schienen und Weichen zu beseitigen, den Betrieb sicherer und damit zufrieden stellender zu machen.
148 Seiten, 145 Abbildungen, 170 x 240 mm
ISBN 978-3-613-71735-0
€ 39,90 | € (A) 41,10

Der unentbehrliche Ratgeber für die richtige Platzierung, den Einbau und den Anschluss von Signalen auf Modelleisenbahnanlagen. Autor Ulrich Lieb gibt hier professionelle Tipps und zeigt die wichtigsten Arbeitsschritte. Komplettiert wird diese Anleitung durch eine Herstellerübersicht.
128 Seiten, 206 Abbildungen, 170 x 240 mm
ISBN 978-3-613-71736-7
€ 39,90 | € (A) 41,10

Ohne Planung keine Bahnlinie - das gilt sowohl für die Vorbild- als auch für die Modellbaustrecken. Aber welche Gedanken spielen bei der Planung einer Modellbahn noch eine Rolle? Ein absolutes Muss für jeden Modellbauer!
160 Seiten, 182 Abbildungen, 170 x 240 mm
ISBN 978-3-613-71710-7
€ 39,90 | € (A) 41,10

Leseprobe zu allen Titeln auf unserer Internetseite

trans press

Überall, wo es Bücher gibt, oder unter
WWW.MOTORBUCH-VERSAND.DE
Service-Hotline: 0711 / 78 99 21 51
www.facebook.com/MotorbuchVerlag

Stand Juni 2024
Änderungen in Preis und Lieferfähigkeit vorbehalten.